Werner Sobek
Art of Engineering
Ingenieur-Kunst

Werner Blaser

Werner Sobek
Art of Engineering
Ingenieur-Kunst

Birkhäuser – Publishers for Architecture
Birkhäuser – Verlag für Architektur
Basel · Boston · Berlin

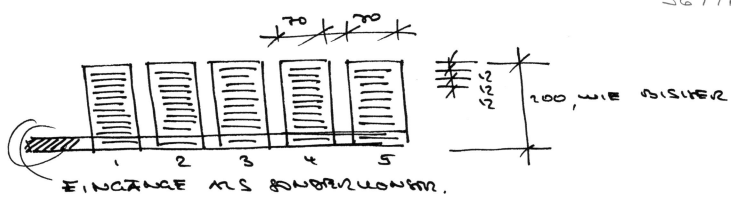

EINGÄNGE ALS SONDERKONSTR.

EINZELTRÄGER:

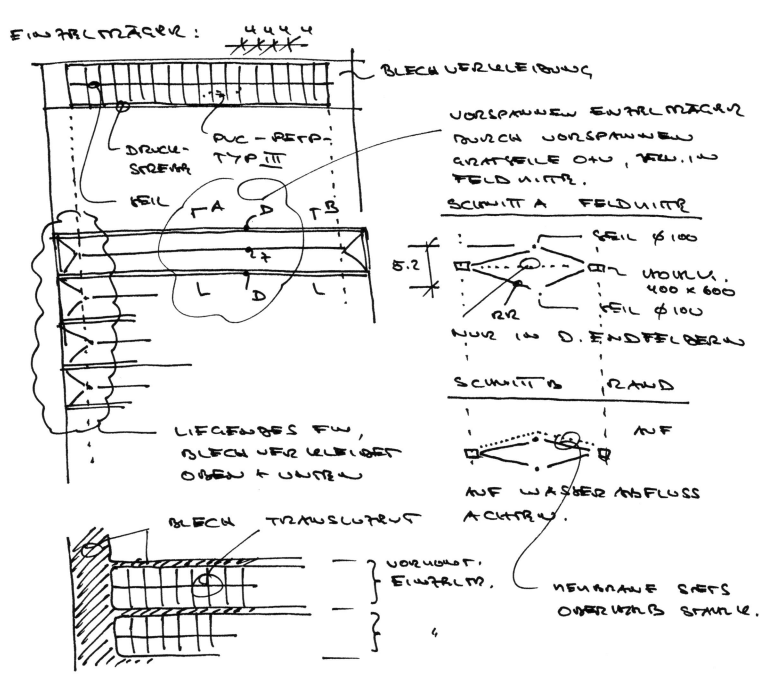

ALLE EINZELTRÄGER AUF DEM BODEN VORGESPANNT +
IN DER LUFT ZU EINEM BLOCK MONTIERT. → ΔT KRITISCH?
$\Delta T \doteq 40°C$ ~>

$\Delta \ell = \ell_{TOT} \times \varepsilon_{\Delta T} = \ell_{TOT} \times \alpha_T \times \Delta T = 100 \times 10^{-0} \times 12 \times 10^{-6} \times 40$

= 48 mm   KEIN PROBLEM BEI H_{FASS} = 13/16 m.

STÜTZEN a=12   STAHLROHR ~ ⌀ 800

University Libraries
Carnegie Mellon University
Pittsburgh, PA 15213-3890

Contents
Inhaltsverzeichnis

9	Johannes Malms: Der Weg zurück. Ein Essay zur Ingenieurkunst	Johannes Malms: Going back. An Essay about the Art of Engineering
17	In der Tradition der Ingenieurkunst	In the Tradition of the Art of Engineering
25	Farbe und Stoff	Colours and Materials
31	Theorie als Voraussetzung	Theory as an Indispensable Foundation
47	Selbstanpassende Systeme	Self-adapting Systems
65	(Ver-)Wandelbare Strukturen	Convertible Structures
103	Leichtbau als Prinzip	Principles of Lightweight Construction
149	Bauen mit Licht	Built from Light
181	Anhang	Appendix

Johannes Malms

Going back. An Essay about the Art of Engineering
Der Weg zurück. Ein Essay zur Ingenieurkunst

Es gibt aufregend schöne Bildbände über moderne Architektur und große Baukünstler unseres Jahrhunderts: In ihnen bewundern wir kühne Konstruktionen, die mit Dimensionen und Materialien spielen und aller Gesetze der Schwerkraft zu spotten scheinen, die das Feste auflösen und Wände aus Licht und Himmelsbläue aufrichten, die wie auf Schwingen von der Erde abheben und denen nur noch Farbe und Duft von organischen Vorbildern fehlen, futuristische Gestaltungen, filigrane Türme aus Stahl und Glas, bewegliche Zeltdächer über großen Arenen. Manchmal fragen wir uns dabei, wie solche im Wortsinn „außer-ordentlichen" Dinge und Formen zustande kommen, wer sie „geschaffen" hat. Die Architekten werden ausgezeichnet, die Bauten bestaunt oder auch nur gedankenlos benutzt. Aber wer das scheinbar Unmögliche dieser Bauwerke möglich gemacht hat, wird in den Büchern höchstens im Kleingedruckten erwähnt. Denn das ist ja „nur" der Anteil der Technik, die Leistung des Ingenieurs.

Das griechische Wort Τεχνη (techne), meist unzureichend wiedergegeben mit „Handwerk, Fähigkeit, Kunst", war in der Antike ein Begriff weitab von jeder Mittelhaftigkeit und bloß angewandter Berechenbarkeit, die zu beliebigen Zwecken benutzt wurde. Diese „techne" erwuchs aus einem Urtrieb des Menschen: Wissen wollen – das Erkannte schöpferisch gestalten – eine Idee aus der Gedankenwelt in der Erfahrungswelt sichtbar werden lassen.

Technik darf nicht nur den angezielten Gegenstand sehen, sondern muß die Zusammenhänge, in denen sie steht, im Auge behalten. Damit verweist sie auf ein Ganzes, ein Höheres, auf Werte – und in einem letzten Zielzusammenhang auf den höchsten Wert, den in der antiken Philosophie die Ideen-Lehre schlicht „das Gute" genannt hat. Technik war – und ist es auch heute noch – der Versuch, Seiendes zu dem zu entwickeln, was es sein sollte und könnte. In der Technik steht der Mensch in der Spannung zwischen dem Wirklichen und dem Möglichen, zwischen dem Unvollkommenen und dem Besseren, zwischen dem Gegebenen und dem „Aufgegebenen" (Friedrich Dessauer). Die Lösung dieser Spannung muß durch den schauenden und kombinierenden „Erfinder" gefunden werden.

Alle Technik ist eine „Gabe" des Geistes. So wundert es nicht, daß in der Antike die „technai" über praktisches Wissen und Fähigkeit hinaus auch Astronomie, Seherkunst, Rhetorik, politische Wissenschaft und Philosophie umfaßten. Nach dem antiken Mythos sind

Breathtakingly beautiful photographic volumes have been published on modern architecture and eminent architects of our century. In these we can admire bold structures that appear to play with dimensions and materials, seemingly defying the laws of gravity, dissolving the material essence of the structures and erecting walls of light and blue sky which seem to take off from the Earth like winged creatures and to lack only the colour and scent of organic examples; futuristic designs, filigree-like towers constructed from steel and glass, convertible tent roofs spanning large areas. We may sometimes ask ourselves how such literally "extraordinary" things and forms are produced or who has "created" them. The architects receive awards and the buildings are admired or merely used in a thoughtless way. But those individuals that have rendered the seeming impossibility of such structures possible will at best only be mentioned in the small print of such publications because their contribution is "only" of a technical nature, i.e., it is the engineer's contribution.

The Greek word Τεχνη (techne), which in most cases is inadequately translated as "trade, skill or art", was in antiquity a term far removed from any material connotation or merely applied calculability used for any required purpose. "Techne" originated in an atavistic human instinct: to want to know; to design creatively on the basis of knowledge; to produce a visible physical manifestation of an idea.

Technology must not focus on the intended object only or lose sight of its context. This means that it implies a whole and superior system as well as values – indeed, in its final analysis the highest value which antique philosophy simply called "the Good". Technology was – and remains to this day – an attempt to develop what exists into that which it could or ought to be. Technology places man in a situation of tension between what is real and what is possible, between what is imperfect and what is better, between what exists and what "is to be achieved" (Friedrich Dessauer). By using his powers of observation and combination it is up to the "inventor" to find a solution to this tension.

All technology is a "gift" of human intellect. It is therefore not surprising that in antiquity the concept of "technai" embraced not only practical knowledge and skills but also astronomy, soothsaying, rhetoric, political science and philosophy. According to the antique myths, these and all other "arts" and indeed all human culture, was a gift from its first great

diese und alle anderen „Künste", ist die ganze Kultur den Menschen von ihrem ersten großen Wohltäter, dem Titanen Prometheus, geschenkt worden, sehr zum Verdruß der Götter (Aischylos, Der gefesselte Prometheus, 434–506). Prometheus, d.h. der „Vorausdenkende", „Vorauswissende", sah die Not und Bedürftigkeit der Menschen und hat erst dann selbst herausgefunden und ersonnen, was die Menschen befähigte, der feindlichen Umwelt eine „menschliche Welt" abzuringen und sich von dem Ausgeliefertsein an die elementaren Kräfte zu sich selbst zu befreien. Die „technai" fordern die Natur und ihre Gesetzlichkeit heraus; in ihren Ergebnissen wird immer wieder ein Schritt aus natürlicher Beengung heraus getan, findet ein Akt der Befreiung aus naturgesetzlicher Gebundenheit statt.

Darin zeigt sich, nach dem griechischen Philosophen Xenophanes (um 500 v. Chr.), schließlich der Mensch den Erfindergottheiten ebenbürtig und fähig, immer wieder auf der Grundlage des Vorhandenen Neues zu „er-finden" und zu konstruieren. „Wahrlich nicht von Anfang an haben die Götter den Sterblichen alles enthüllt, sondern allmählich finden sie suchend das Bessere" (frgm. 21); dazu brauchen sie Phantasie, Zeit und Erfahrung. So wird der „Techniker" zu einer Wesensbestimmung des Menschen und seiner Stellung in der Welt. War Prometheus also der erste Ingenieur?

Den ursprünglichen Stellenwert des Ingenieurs vermag eine sprachliche Rückbesinnung etwas aufzuhellen: das lateinische Wort „ingenium", aus dem diese Berufsbezeichnung abgeleitet ist, bezeichnet Eigenschaften und Fähigkeiten des Ingenieurs: „Erfindungsgeist, Phantasie, sinnreicher kluger Einfall, Schlauheit".

Das Bild eines von solcher Begabung geleiteten Tuns liefert uns wieder ein Mythos, der vom griechischen Gott Hermes: Er war ein Sohn des Zeus und der Erdgottheit Maia, deren Vater Prometheus (!) war. Kaum geboren, sah er eine Schildkröte mit ihrem schön gerundeten Panzer, in dessen Höhlung er die Möglichkeit einer vorzüglichen akustischen Resonanz ahnte. Sofort spannte er schlau einige Rohrhalme über die Höhlung und erfand so die Leier. Aus dem Fund und dem Schauen (Schildkröte) wurde die Erfindung (Leier). Dieser Erfindungsvorgang wird im homerischen Hermeshymnos so beschrieben (Hom., Hermes, 43 ff): „Wie ein rascher Gedanke die Brust eines Mannes, den Sorgen drängen und drücken, plötzlich durchzuckt, so fielen Wort und Taten augenblicklich zusammen im Den-

benefactor, the titan Prometheus, much to the anger of the gods (Aischylos, Prometheus Enchained, 434–506). Prometheus, that is, "He who thinks ahead" or "He who is prescient", saw the anguish and poverty of mankind and first had to invent for himself what enabled Man subsequently to create a "humane world" in a hostile environment, and to free itself from being at the mercy of the elemental forces. "Technai" challenges Nature and its laws; its results will always be a release from natural constraints and constitute an act of liberation from the constraints of the Laws of Nature.

According to the Greek philosopher Xenophanes (c. 500 BC), Man would eventually become the equal of the inventor-gods, capable of inventing and designing new things on the basis of his existing knowledge. "Truly the gods did not reveal everything to mortal Man from the beginning, but Man in his search will gradually find improvements" (frgm. 21); this requires imagination, time and experience. In this way, the "engineer" characterises the essence of Man and his position in the world. Was Prometheus, therefore, the first engineer?

A semantic search may cast some light on the original importance of the engineer: the Latin word "ingenium", from which the name of the trade/profession is derived, describes the engineer's characteristics and skills: "Power of invention, imagination, intelligent intuition, cleverness".

The image of activities guided by such talent is conveyed to us again by the mythical figure of the Greek god Hermes: he was a son of Zeus and the Earth goddess Maia, whose father was Prometheus(!). Soon after his birth he saw a tortoise with its beautifully domed shell, and he immediately realised that the cavity of the shell might have an excellent acoustic resonance. At once, he cleverly stretched some reeds across the shell and thus had invented the lyre. The action of finding and observing (the tortoise) resulted in an invention (lyre). The Homeric hymn to Hermes describes this process of invention as follows (Hom., Hermes, 43ff): "Just like a momentary thought suddenly strikes the breast of a man filled with sorrows, word and deeds coincided for a moment in the thoughts of glorious Hermes." Power of invention and technical skill opened up a new area – the world of music – which Hermes, and later in constantly changing circumstances the engineer, sensed but was unable to enter. (Soon Hermes had to deliver his lyre to Apollo as compensation for a herd of cattle

ken des ruhmvollen Hermes." Aus Erfindungsgabe und Technik wurde hier ein neuer Bereich eröffnet – die „Welt der Musik" –, den er, Hermes, und später in anderen Zusammenhängen ähnlich immer wieder der Ingenieur – zwar ahnte, aber in den einzutreten er bisher nicht die Möglichkeit hatte. (Die Leier mußte Hermes bald herausgeben an Apoll als Schadenersatz für die Rinderherde, die er dem Gott gestohlen hatte. So wurde schließlich Apoll durch den glücklichen Fund (griech.: hermaion) des Hermes zum Gott der Künste, vor allem der Musik.)

Der Ingenieur vereinigt in sich drei Menschenbilder: den investigator, der einer Sache auf die Spur kommt, sie erforscht; den inventor als Erfinder, Urheber, und den homo faber, den Verfertiger – zumindest im Bereich von Modell und Einzelteil. Die Voraussetzung solchen Tuns liegt im analysierenden („was nicht – oder noch nicht – gut ist") und kreativen (Ideen zeugenden) Schauen. Daraus entsteht ein schöpferischer Vorgang: das Hervor-bringen eines „Seienden", aus der Verborgenheit der Idee in die Unverborgenheit der Existenz, was der Philosoph Martin Heidegger das „Entbergen" nennt – eine aus der Wortwurzel formulierte Übersetzung für das griechische Wort „aletheia", das unsere Lexika mit „Wahrheit" wiederzugeben pflegen. Damit ist wieder ein Wertehorizont angerissen, dem sich das Werk des Ingenieurs ebenso wie das des Architekten stellen muß: Material und Form, Konstruktion und Zweckdienlichkeit – sie müssen „wahr" sein. In ihnen darf es kein bloßes, verantwortungsfreies Spiel mit allerlei Möglichkeiten geben, das Ausreizen des Machbaren bis an die Grenze. Ebenso ist ein Verstecken von Widersprüchen und Schwachstellen hinter der Suggestivkraft kostbarer Materialien und artifizieller Ornamentik als ästhetische Manipulation nicht zu vereinbaren mit der strengen Zucht, die dem erfindenden und konstruierenden Menschen von der Wahrheit abverlangt wird.

Technik sucht eine Synthese zu schaffen zwischen den Naturgesetzen und den Wünschen, Nöten, Plänen und Hoffnungen der Menschen. Das Wissen um dieses Ziel und das Erkennen der widerständigen Probleme sind der Raum der schöpferischen Freiheit des Erfinders, der sich souverän innerhalb der Möglichkeiten bewegt, die die Naturgesetze ihm bieten. Der Kern und das Ziel seiner technischen Arbeit liegt in dem darin aufscheinenden „Neuen", den neuen Qualitäten. Darin, im Ergebnis, im Werk, pflanzt sich Schöpfung fort; es ist das Privileg des Ingenieurs, „am

which he had stolen from the god. In this way Apollo became, by Hermes' lucky find (Greek: hermaion), the god of the arts, especially of music).

The engineer combines in himself three images of man: the investigator who discovers a problem and studies it; the inventor or originator; and homo faber the maker/manufacturer – at least as far as the making of models or component parts is concerned. Such activity requires analysis (of what is not or not yet satisfactory) and creativity (generating ideas). This results in a creative process: bringing forth "something that exists" from the concealment of the idea into the open reality of what exists visibly, which Martin Heidegger the philosopher calls "discovery", a translation of the Greek word "aletheia" derived from the root of the word which our dictionaries give as "truth". This opens up a new horizon of values which the engineer as well as the architect have to confront: materials and forms, design and functionality must be "true". These must not be simply used to play through all possibilities or take what is technically feasible to its limits, irrespective of the concept of responsibility. Likewise the concealment of contradictions and weaknesses behind the suggestive power of precious materials and artificial ornamentation as a way of aesthetic manipulation, is incompatible with the strict discipline demanded by Truth of Man, the inventor and designer.

Technology tries to create a synthesis between the laws of nature and human desires, needs, plans and hopes. Being aware of this objective and recognising the obstacles form the space of creative freedom in which the inventor can operate unfettered within the possibilities offered him by the laws of nature. The core and objective of his technical activities is the "new", the new qualities which emerge. It is in the result, in the work where creation reproduces itself. It is the privilege of the engineer "to participate directly in the process of creation". (Klaus Henning). This process offers human beings a type of "metacosm" in which they find new opportunities and security and in which they can experience spirituality and well-being; experiences which give them access, or at least ease the access, to culture; experiences which cause them to revolt against the oppression caused by an environment which is solely organised on the basis of numerical/mechanical principles. This constitutes the value and dignity of technology.

unmittelbaren Schöpfungsgeschehen teilzuhaben" (Klaus Henning). Er (er)schafft den Menschen eine Art „Metakosmos", in dem sie neue Wirkmöglichkeiten und Sicherheiten finden, einen Abglanz von Geist und Heil erfahren können; Erfahrungen, die ihnen einen Zugang zur Kultur ermöglichen oder ihn zumindest erleichtern; Erfahrungen, die sie gegen die Unterdrückung aufbegehren lassen, die von einer nur noch numerisch-mechanisch organisierten Umwelt ausgeht. Darin liegen Wert und Würde der Technik.

Dabei ist die Beziehung zur Natur und ihren Gesetzmäßigkeiten zweifach: es gibt ein stimulierendes Eindringen, das über das schon Erforschte hinaus neu sehen und verstehen lehrt, auf neue Lösungen zielt. Es geht aber nicht um Nachahmung der Natur: das Natürliche wird zur Metapher für das Technische. „Einfache" Dinge wie die Eierschale, der Flügelpanzer des Maikäfers, das schwankende und doch so starke Bambusrohr, im Lack hart gewordene Textilien werden „Vor-bilder", weisen transparent auf neue Gesetze, Kräfte und Funktionen hin. Sie können Rätsel aufgeben, auf die es neue Antworten gibt. Für diese neuen Antworten benutzt der Erfinder zwar Vorgaben aus Naturgesetzen; aber die Ordnung ihrer Nutzung ist nicht in der Natur beschlossen, sondern ergibt sich aus der Intuition des Erfinders.

Ästhetische Kriterien sind aus der Arbeit des Ingenieurs keineswegs auszuschließen. Sie erwachsen aus einem schauenden „Staunen" und bestimmen Verhältnisse und Bezüge zwischen den einzelnen Elementen des Werks. Aus dem an Nahtstellen massiv verschraubten oder grobwülstig geschweißten Tragwerk kann z.B. durch ein Verschieben der Lasten und verändertes Auf- und Verteilen der Kräfte oder durch eine andere Materialwahl eine leichte, beschwingte Fügung werden. Libellenflügel oder Spinnengewebe im Gegenlicht lassen die Vision einer „flirrenden Brücke" entstehen und reizen zur Nachahmung von stählernen Schwingen, die wie von einer Astgabel aus Betonpfeilern getragen werden oder wie an einer „Harfe" aufgehängt sind. Aber auch die ästhetischen Aspekte müssen sich in Aussehen und Aussage dem Urteil der „Wahrheit" unterordnen. Im Hermeshymnus werden als mögliche Auslöser einer neuen Vision, eines Findens und Erfindens auch die „drängenden und drückenden Sorgen" genannt. Nach dem römischen Philosophen Seneca (ep.124,14) wird beim Menschen das „Gute" bewirkt durch die „Sorge", lateinisch „cura". „Die perfectio des Menschen, das Werden zu dem, was er

There is a two-fold relationship with nature and its laws: there is a stimulating penetration which teaches us to perceive anew and understand areas beyond what has already been researched, and which aims at new solutions. But the objective is not to imitate nature: the natural becomes a metaphor for the technical. "Simple" things such as an egg shell, the wing covers of the ladybird, the flexible yet strong bamboo cane or fabrics which are coated with resin and then harden, become "examples" pointing to new laws, forces and functions. They may present puzzles for which there are new answers. Although the inventor uses the specifications laid down in the laws of nature to find these new answers, the way of using them is not specified by nature but results from the inventor's intuition.

Aesthetic criteria cannot be excluded from the work of the engineer. They result from an observing "fascination" and determine the relationships between the individual elements of the work. A load-bearing structure held together by massive bolts or thick welding seams, may be transformed into a lightweight and elegant structure by shifting the loads or dividing/distributing the forces in a different way or by choosing a different material. Viewing dragonfly wings or a spider's web against the light can create the impression of a "scintillating bridge" and challenge the engineer to emulate this by using steel wings supported by concrete pylons resembling the forked branch of a tree or suspended by means of a structure resembling a "harp". But the aesthetic aspects must, in terms of appearance and statement, remain subordinate to the judgment of "truth".

The hymn dedicated to Hermes cites the "urgent and pressing cares" as possible triggers for a new vision, for making discoveries and inventions. According to the Roman philosopher Seneca (ep.124,14) the "good" in man is caused by "care", or "cura" in Latin. "The perfectio of Man, developing into what he may become...within his own possibilities (his "design"), is the result of care" (Martin Heidegger, Sein und Zeit, p.199). This word cura = care has a two-fold meaning: on the one hand, it means "concern, solicitous endeavour, anxious need" – but also "caring, carefulness and dedication".

If we were to search for an example of such a stimulus resulting in an outstanding technical achievement – "certified" by mythical age and exempted from a strictly technical discussion – we would come across the myth of Daedalus ("the artificer") the engineer and inventor who lived in Minoan Crete c. 3000 BC.

... in seinen eigensten Möglichkeiten (seinem ‚Entwurf') sein kann, ist eine Leistung der Sorge" (Martin Heidegger, Sein und Zeit, S.199). Diesem Wort cura = Sorge ist ein Doppelsinn eigen: es bedeutet einerseits „Besorgnis, ängstliches Bemühen, notvolles Bedürfnis" – aber auch „Fürsorge, Sorgfalt und Hingabe".

Wenn wir für derartigen Antrieb zu einer herausragenden technischen Leistung ein Beispiel suchen – durch mythisches Alter „beglaubigt" und einer technizistischen Diskussion entzogen – stoßen wir auf den Mythos von Daidalos (= „der kunstvoll Arbeitende"), dem Ingenieur und Erfinder im Reiche des Minos auf Kreta, etwa um 3000 v. Chr. Es galt damals, das Ungeheuer Minotauros, den Stiermenschen, der für die Inselbewohner eine tödliche Bedrohung darstellte, „aus dem Weg zu räumen". In dieser Bedrängnis und Sorge baute Daidalos das Labyrinth, in dem die Bestie eingesperrt wurde. Hier wird eine sozialfürsorgerische Qualität einer neuen technischen Leistung sichtbar, die einen Maßstab verbildlichen könnte für die ethische Dimension, die als humanes Werturteil für Erfindungen und deren Erfinder nicht ausgeklammert werden darf; das Gute steht über dem Machbaren.

Das verlangt vom Ingenieur bei all seinen Wegen ins Außergewöhnliche eine Bescheidenheit des Anspruchs, sozusagen eine dienende „Demut". Wohin unkontrollierter Drang zum Versuchen und Wissen führen kann, zeigt derselbe Mythos: Als der Athener Theseus es auf sich nahm, den Minotauros im Labyrinth zu töten, verriet Daidalos der Königstochter Ariadne die List, wie sie den geliebten Theseus nach der Tat aus dem Irrgarten herausbringen könne; deswegen wurde er selbst samt seinem Sohn Ikaros von Minos in das Labyrinth eingesperrt. Für die einzige Möglichkeit der Flucht verfertigte er für sie beide aus Federn und Wachs Flügel. Auf dem Flug steigt Ikaros trotz der Warnungen seines Vaters im Rausch der neuen technischen Möglichkeiten immer höher hinauf, ... da schmilzt das Wachs und er stürzt ins Meer.

Eine bis in unsere Tage unübertroffene Leistung antiker Ingenieurkunst, in der die der Technik übertragene Sorge um das gemeinsame menschliche Wohl sichtbar wird, ist erst kürzlich auf der Insel Samos wiederentdeckt worden. Der Geschichtsschreiber Herodot berichtet um 450 v. Chr., daß die Hafen- und Hauptstadt der Insel Samos um 520 v. Chr. keine sichere Trinkwasserversorgung hatte. Es gab zwar eine ergiebige Quelle auf der Insel, aber sie war durch ein Gebirge von der

He was given the task to "eliminate" the Minotaur monster, half man and half bull, who posed a deadly threat to the island's inhabitants. In this desperate situation Daedalus built the labyrinth in which the beast was confined. This myth displays a socially caring quality of a new technical achievement which could be used as a yardstick for the ethical dimension, which, as a humane value judgment must not be excluded with regard to inventions and their inventors; the "good" is superior the the "feasible".

This requires the engineer to remain a caring and humble individual while he embarks on his exploration of the extraordinary. The same myth shows us what an uncontrolled desire to experiment and acquire knowledge may lead to: When the Athenian Theseus took it upon himself to kill the Minotaur imprisoned in the labyrinth, Daedalus revealed to the King's daughter Ariadne the trick by which she would be able to extricate her beloved Theseus from the labyrinth after the deed was done. For this, Minos incarcerated Daedalus in the labyrinth, together with his son Icarus. As the only way of escaping from the labyrinth, Daedalus constructed wings for himself and his son using wax and feathers. During their flight Icarus, not heeding his father's warnings, succumbs to the lure of the new technical possibilities and flies higher and higher until the heat of the sun melts the wax that holds his wings together and he crashes into the sea and drowns.

An achievement of antique engineering unsurpassed to our day, which reveals the responsibility for the welfare of human society assumed by technology, has only recently been discovered on the island of Samos. The historian Herodotus reported in c. 450 BC that the port and capital of the island of Samos had no secure supply of drinking water around 520 BC. Although there was a spring yielding enough water, it was separated from the town by a mountain. To overcome the difficulty, the engineer Eupalinos drove a tunnel more than 1 kilometre long through the 230 m high mountain, starting from both sides of the mountain and using a precisely calculated gradient. The "miracle" was achieved: the two halves of the tunnel met at the calculated point and an uninterruptible water supply was secured for the town: a life-preserving technical achievement. (Herodotus, Histories III 60)

The reader may find it strange and almost absurd that while discussing technology, architecture or engineering, we constantly refer to mythical traditions and texts or events which date back two thousand years or more, al-

Stadt getrennt. Da bohrte der Ingenieur Eupalinos einen unterirdischen Kanal von mehr als 1 km Länge von beiden Seiten aus mit einem genau berechneten Gefälle durch den 230 m hohen Berg. Das „Wunder" geschah: die von zwei Seiten vorgetriebenen Stollen trafen sich an der berechneten Stelle; die unstörbare Wasserversorgung der Stadt war gesichert: eine lebenserhaltende technische Leistung. (Herodot, Historien III 60)

Es muß merkwürdig, fast widersinnig erscheinen, hier immer wieder über Technik, Baukunst, Ingenieurwerk unter Rückgriff auf mythische Überlieferungen und Texte oder Ereignisse zu reden, die zweitausend und mehr Jahre zurückliegen. Die Welt ist doch so ganz anders geworden: grundstürzende soziale, politische und kulturelle Ereignisse haben die Geisteshaltung gewandelt, mit der wir heute an technische Probleme herangehen; sich überstürzende materiale und technische Innovationen bieten anscheinend unbegrenzte neue Möglichkeiten. Deshalb reicht morgen nicht mehr, was heute noch gut genug ist. Heraus aus dem Konventionellen, heran bis an die Grenzen – womöglich noch darüber hinaus. Denn die Innovation gilt noch immer als der Leistungsbeweis des Ingenieurs.

Warum also bei einem solchen Thema nicht besser z.B. von den gläsernen Konstruktionen Werner Sobeks reden, diesen Schöpfungen mit ihrer Durchsichtigkeit, die die Strukturen blank legt, die ihrerseits wieder eine neue „Raum-Sprache" suggerieren? Von seinen Brücken oder seinen textilen, teilweise beweglichen Bauten? Oder beispielsweise vom neuen Flughafen in Bangkok, dessen Dachkonstruktion aus Metall und Glas die gewohnten Grenzen der Tragwerke um ein Vielfaches überschreitet und dessen Formensprache an außerirdische Fiktionen denken läßt?

Die Antwort mag zu einfach klingen: Weil an jenen alten Geschehnissen der Weg von der Vision zur Erfindung, von Gedachtem zum Gestalteten leichter nachvollzogen werden kann; weil der Prozeß der Umwandlung von Möglichem in Wirkliches vielleicht bewundernswerter erscheint; weil die Problematik der ethischen Bindungen von Technik und Ingenieurkunst an ihnen eindeutiger sichtbar und begriffen werden kann.

though the world has changed almost beyond recognition: social, political and cultural upheavals have changed the attitude with which we nowadays confront technical problems; the ever-increasing pace of material and technical innovations seems to offer unlimited possibilities. This means that what is good enough today will be inadequate or obsolete tomorrow. The engineer's function is to transcend conventional wisdom and search for the limits, and possibly beyond, for innovation remains the proof of the engineer's abilities.

Why not turn in this context to the structures designed by Werner Sobek, e.g., his glass buildings, whose transparency reveals the essential structures which in turn suggest a new "language of space"; his designs for bridges or textile-based buildings, of which some are mobile; or the new Bangkok airport, whose metal/glass roof structure exceeds the conventional limits for such structures many times and whose shape suggests extraterrestrial fiction?

The answer may appear too simple: Because those antique events make it easier for us to understand the progression from vision to invention, from idea to finished design; because the process of turning what is feasible into reality may appear more admirable; because they reveal and help us to understand the question of an ethical link between technology and the art of the engineer.

In the Tradition of the Art of Engineering
In der Tradition der Ingenieurkunst

Architektur ist sichtbar gemachte Konstruktion. Aus dieser Konstruktion heraus entwickelt sich der Einfluß der Ingenieure auf die Architektur.

Im Maschinenzeitalter, das ohne Vorbilder in der Vergangenheit ist, wurde die Beziehung zwischen Architektur und Konstruktion neu definiert: Die Architekten-Ingenieure wurden – auf dem Weg zum Stahlskelett – mit neuen konstruktiven Entwicklungen konfrontiert. Es war Viollet-Le-Duc, der diese ingeniöse Achitekturentwicklung einleitete. Er betrachtete die Architektur funktionalistisch und forderte, daß die Form mit dem Zweck und den Konstruktionsmitteln eine Verbindung einzugehen habe.

Die positive Einbeziehung des Ingenieurhaften in das Bauwerk hat transformatorische Bedeutung, gerade auch in einer Zeit, in der hochentwickelte, komplizierte Apparate entwickelt werden. Es ist ein gemeinsamer Aspekt guter Architektur, und dies seit der industriellen Revolution, daß ausgefeilte Lehrstücke konstruktiver Intelligenz aus einem neuen Verhältnis von Statik und Dynamik herauswachsen.

Jede Kultur entwickelt sich bis an ihre Grenzen. Der jeweilige Zeitgeist mit seinen technischen und künstlerischen Möglichkeiten formt ihre Selbstdarstellung. „Der Zeit ihre Kunst – der Kunst ihre Freiheit" steht auf der Tür zur Wiener Sezession. Immer hatten Kunstwerke positiven Einfluß auf den Menschen. Es sind die harmonischen Verhältnisse am Bau und in der Kunst, von unerbittlicher Klarheit, aber auch unerbittlich geistreich, die faszinieren. Kunst ist das Spiel der formalen Erfindung, aufgebaut auf einem inneren, rechnerischen Gerüst. Und unter den Künsten steht nach Albertus Magnus die Architektur (und damit die Ingenieur-Kunst) der Weisheit am nächsten, weil sie nach höheren übersinnlichen Ursachen zielt. Der Ort der Kunst ist ein Ort der imaginativen Vorstellung. Und der Ort guter Baugestalt ist ein Ort der Faszination.

Bauen mit Gestalt erlebt man als distanzierter Betrachter mit den Sinnen. Man wird mit der Aufgabe konfrontiert, das Bauwerk zu entziffern, um so die visuelle Einflußsphäre kennenzulernen. Im Dialog innerhalb einer Gesamtarchitektur bekommt ein klar choreographiertes Materialarrangement in seiner spezifischen Umgebung nachhaltigen Ausdruck. Darüber hinaus zeigt der konstruktive Prozeß, losgelöst vom funktionalen Kontext, den Sinn eines guten Bauwerks. Offenbar werden unsere Sinne geschichtet und überlagert und im Denkprozeß wieder zusammengefügt. Erleb-

Architecture is design work rendered visible. It is from this design work that the engineer's influence on architecture develops.

The age of the machine, which is without historical precedent, re-defined the relationship between architecture and design. Architect/engineers were confronted with the evolution of design towards the steel skeleton or frame. It was Viollet-Le-Duc who initiated the engineering-based development of architecture. He looked at architecture in a functional way and postulated that form, purpose and construction should be linked together.

The positive incorporation of engineering principles into a building has a transforming significance especially in an age when advanced and complicated equipment is being developed. One common aspect of architecture – since the Industrial Revolution – has been that refined artefacts of design intelligence result from the study of structural and dynamic behaviour.

Each culture will develop until it reaches its limits. The "zeitgeist", with its technical and artistic possibilities, represents the culture. "Let the Age have its Art – Let Art have its Freedom" is the motto found above the entrance to the Vienna "Sezession" building. Works of art have always had a positive effect on Man. It is the harmonious relationships exhibited by a building or a work of art which are fascinating in their inexorable clarity and pitiless wit. Art is the game of formal invention built on an internal numerical skeleton. Among the arts, according to Albertus Magnus, architecture (and thus the art of engineering) is most closely related to wisdom because it searches for higher, transcendental, causes. Art inspires imagination; good building design inspires fascination.

The detached observer experiences well-designed buildings with his senses. He is confronted with the task of deciphering the building to enable him to get to know the range of visual influences. In the dialogue within a complete architectural unit a clearly choreographed arrangement of materials assumes a lasting expression in its specific environment. Furthermore the designing process, when detached from its functional context, displays the purpose of a good building. Evidently our senses are arranged in layers and superimposed on each other and then re-assembled in the process of thinking. Our experiences and senses feed on the perception of materials and design.

Each type of architecture, when understood as "art of building", incorporates the art of the engineer. The interplay between structur-

nis und Sinn schöpft aus der Wahrnehmung von Material und Konstruktion.

Jede Architektur, als Bau-Kunst verstanden, wird von der Ingenieur-Kunst begleitet. Aus der Wechselbeziehung zwischen statischem Gerüst und architektonischer Gestalt entsteht ein komplexes Ganzes. Statik und Dynamik sind die „ewigen" Werte der Baukunst.

Sichtbare fundamentale Ingenieurideen bereichern das Visionäre in der Architektur. Die ästhetischen Prinzipien der Statik werden so zu einem interessanten Zwischenbereich von Konstruktion und Phantasie: Betrachten wir die Entwicklung einer Dachhaut als einen mehr oder weniger intelligenten Schutz vor Sonne, Regen, Wärme und Kälte, so ist, bei aller technischer und konstruktiver Intelligenz, ein Dach kaum genialer als die Konstruktion eines Iglus. Und doch gibt es in der Bestimmung einer Dachhülle marginale Entwicklungen. Wir denken an Träger und Stütze, die Wölbung, die zugbeanspruchte Konstruktion des Zeltes. Erst Erfahrungen mit Nöten, wie Sparsamkeit, Leichtigkeit oder Energieeinsparung, machen eine Aufgabe zu einer schöpferischen Leistung – ja sogar zu einer erfinderischen. Dazu braucht es eine bahnbrechende Idee, die Freisetzung einer ingeniösen Kreativität von inspirierter Technik zu frei geformten Volumina. Die Ingenieur-Kunst wird darum zum Visionsgeber und Initiator. Sie zentriert Bedürfnisse auf einen Punkt, eine Idee, die zum Lösungsansatz führt. Im Arrangement der baukünstlerischen Umsetzung findet sich das Metier der Ingenieur-Kunst.

Eine Idee, die neu ist, führt auch zur Kommunikation und kann so in der Zusammenarbeit mit dem Architekten mitgetragen werden. In der Verflechtung von Funktionalität, Technik und Ästhetik entsteht eine Geisteshaltung, die sinnvolle Lösungen hervorbringt. Funktionierende Tragstrukturen gehen immer auf einen kreativen Prozeß zurück: Kräfte spielen lassen, Wege weisen, Punkte definieren. Eine Person allein kann darum nicht funktional, gestalterisch, statisch, ökologisch und wirtschaftlich optimal kreativ werden: dieser Prozeß ist im Team zwischen Architekt und Ingenieur im kritischen Bewußtsein zu aktivieren. Eine solche Entwicklung liegt der Baukunst gerade in den Arbeiten von Werner Sobek zugrunde.

Es gehört zur kreativen Zusammenarbeit zwischen Architekt und Ingenieur, innovative Technik mit inspirierender Originalität zu verbinden. Baubares entsteht auch durch intensives Experimentieren an vergleichbaren Formen in der Natur. Schöpferische Kraft und

al frame and architectural form results in a complex entity. Static structure and dynamic development are the "eternal" values of the art of building construction.

Visible fundamental engineering ideas enrich the visionary aspects of architecture. The aesthetic principles of structural engineering thus form an interesting intermediate area between building design and visionary imagination: if we regard the development of a roof skin as a more or less intelligent means of protection against sun, rain, heat and cold, a roof is, irrespective of technical or constructional intelligence, little more ingenious a structure than an igloo. Despite this there are marginal differences in designing a roof skin, and we are thinking in particular of beams and columns, vaulting or a tensioned tent skin. Only if constraints are imposed such as economy, light weight or energy saving, the performance of a task becomes a creative, even innovative, achievement. This requires a clever idea and the development of ingenious creativity and inspired technology into freely-formed buildings or enclosed spaces. The art of the engineer thus assumes the role of a provider of visions and an initiator. It focusses the requirements on a point or idea which leads to a solution. It is the business of engineering to organise the architectural realisation of a building project.

A new idea also engenders communication and can therefore play a part in the collaboration with the architect. The intertwining of functionality, technology and aesthetics promotes a mentality capable of producing sensible solutions. Functionally proven load-bearing structures are invariably the result of a creative process that allows the free play of forces, points out possible avenues of investigation or defines points. For this reason it is impossible for a single individual to become optimally creative in terms of the function, design, structural safety, ecology or economy of a project. This process must be activated in the form of teamwork between architect and engineer in an atmosphere of critical consciousness. Such development is the foundation of the art of building construction, especially in the case of Werner Sobek.

It is part of the creative collaboration between the architect and the engineer to combine innovative technology with inspiring originality. A feasible building project may result from intensive experimentation with comparable forms in nature. In Werner Sobek's view creative power and imagination are an essential part of transforming an initial idea into a usable product. His projects appear to be ob-

Einfallsreichtum gehören für den Ingenieur Werner Sobek zur Umsetzung einer primären Idee in ein brauchbares Produkt. Seine Projekte sind bestimmt von seinen menschlichen Aktivitäten: Werner Sobek lebt von der Interaktion seiner Kreationen, die er an seinem Institut für Leichte Flächentragwerke in Stuttgart auch als Forscher entwickelt hat.

Die Zukunft hat schon vor dem nahenden Ende des Jahrhunderts begonnen. Es braucht Mut zu Utopien und Bereitschaft, Risiken einzugehen. Aber ohne ganzheitliches Denken und Handeln sind keine Strategien möglich. Es braucht eine Offenheit für Technologietransfer, um einigermaßen im Entwicklungsprozeß mithalten zu können. Werner Sobek und sein Team im Büro, am Institut und am Labor an der Universität, haben wie keine anderen Bauingenieure dieses Jahrhunderts durch zukunftsweisende Ideen das Leitbild der modernen Ingenieur-Kunst geprägt. Gemeinsam mit vielen namhaften Architekten, ganz besonders sei hier die enge Zusammenarbeit mit Helmut Jahn und Finn Geipel erwähnt, wurden auf der Suche nach Schnittstellen zwischen ästhetischer und technologischer Denkweise große und ambitionierte Werke verwirklicht.

Werner Sobek gehört zu den visionären Ingenieuren der Gegenwart. Ihm fällt das Schwebende, das Bewegliche, das Immaterielle und Transparente zu. Sein ingeniöses Arbeiten ist ein vielfältiges Spiel des Gebens und Nehmens, des Forderns und Anpassens. Noch vor der Jahrhundertwende sagte Adolf Loos: „Die Ingenieure sind unsere Hellenen. Von ihnen haben wir unsere Kultur."

Daß Werner Sobek als Ingenieur in kurzer Zeit so große Anerkennung für seine Anliegen und seine Arbeiten errang, liegt auch in seiner Fähigkeit begründet, die Qualität des Alltäglichen zu erkennen und sie in den Blickpunkt des Interesses zu rücken. Seine neuen, avantgardistischen Ideen werden wegen ihrer sinnfälligen Logik und ihrer ästhetischen Erscheinung akzeptiert. Das wirklich Außergewöhnliche an seinen Ideen und Projekten liegt aber in ihrer Selbstverständlichkeit.

Im Bau-Hüllen-Konzept von Werner Sobek finden Einwirkungen auf menschliche Aktivitäten statt: Die menschliche – wie auch die architektonische Haut – muß atmen. Die Wahrnehmung durch die Sinnesorgane setzt Durchlässigkeit voraus. Architektur bleibt so Abbild unserer Körperlichkeit. Zu berücksichtigen sind drei Hüllen, die Menschen umgeben: die eigene Haut, die textile Bekleidung und die bauliche Hülle. In der Architekturtheorie von Gottfried Semper wird bei der Ent-

sessed by his human activities: Werner Sobek lives on the interaction of his creations, which he began to develop as a researcher at his "Institute for Lightweight Structures" in Stuttgart.

The future has already begun as this century is drawing to a close. What is needed is the courage to conceive Utopian ideas and to be prepared to take risks. Strategies are, however, impossible without a holistic approach to thought and action. We need frankness and transparency in the transfer of technology to enable us to compete with global developments. Werner Sobek and his team of collaborators at his office and the university institute and laboratory have, like no other construction engineers of this century, left their mark on the image of advanced engineering in the form of pioneering ideas. In the search for interfaces between aesthetic and technical thinking, many large and ambitious projects have been realised in co-operation with many well-known architects, to mention in particular the collaboration with Helmut Jahn and Finn Geipel.

Werner Sobek is one of the visionary engineers of our time. He tends to create weightless, mobile, dematerialised designs of crystal-like transparency. His ingenious work is a multi-facetted interplay of giving and taking, of challenging and adapting. Even before the turn of the century, Adolf Loos said that "the engineers are our Hellenes. They gave us our culture".

The fact that Werner Sobek gained in such a short time so great a respect for his engineering objectives and work can also be explained by his ability to recognise the quality of the ordinary and focus on it the attention of interested parties. His new avant-garde ideas are being accepted on account of their sensible logic and aesthetic appearance. The essentially extraordinary quality of his ideas and projects lies, however, in their self-evidence.

Werner Sobek's "building/envelope" concept reflects human activities: the human skin – just like the skin of a building – must be able to breathe. We need transparency or permeability to enable us to perceive through our senses. Architecture thus reflects our bodily existence. There are three important envelopes surrounding Man: his own skin, his textile clothing and the building in which he lives and works. Gottfried Semper in his architectural theory points to prehistoric times in dealing with the evolution of building construction and states that the art of making textiles came before the art of constructing buildings. Initially constructing a building meant dividing

wicklung des Bauens auf die Urgeschichte hingewiesen und festgestellt, daß die textile Kunst älter ist als das Bauen. Das Bauen war zunächst nur ein Abtrennen von Räumen durch textile Wände und ein Schützen dieser Räume durch Decken gegen die Witterung. Für ihn war das Primäre die Wand als raumbegrenzendes textiles Element und die Konstruktion, die die Bekleidung trägt, das Sekundäre. Er weist in seinem Werk „Der Stil in den technischen und tektonischen Künsten oder praktische Ästhetik" von 1860 nach, daß die ursprüngliche textile Bekleidung sich nach mehrfachem „Stoffwechsel" dann in Stuckierung, Farbe und Inkrustation auf dem konstruktiven Gerüst verwandelt hat. Nach dieser Paraphrase der Bekleidungstheorie, die auf die Untersuchung der griechischen und römischen Tempel zurückgeht, erfordert ein Bauwerk ein konstruktives Gerüst, welches die textilen Wände zusammenhält. Die Parallele mit der „Kleid-Hülle", die begünstigt und herausfordert, kann eine konkurrierende Entwicklung am Bauwerk sein, wie wir sie von den Japanern Issey Miyake und Yoshi Yamamoto, aber auch in Europa von Christa de Carouge kennen.

Es entspricht der Haltung von Werner Sobek, positiv zu erforschen, wie eine gefügte Hülle am Mensch und am Bau mit übergreifenden Zusammenhängen aufgebaut ist. In jedem Versuch einer Synthese steckt die Grundannahme, daß die Hülle eine Ordnung bilde und intelligibel sei. Werner Sobek plant mit feinnervigem Wissen um Konstruktionen. Seine außergewöhnliche Selbstsicherheit in der Gestalt-Findung ist Indiz für seine geistig-sinnliche Vorstellungskraft. Die ästhetische Qualität seiner Bauhüllen entsteht aus der Einfachheit: sie wirken sachlich, differenziert, feingliedrig und transparent.

Im Wort „translucent" aus dem Lateinischen „translucidus = durchsichtig / durchscheinend" – liegt ein Schlüssel zum konstruktiven Ingenieurbau. Offene, leichte und lichtdurchflutete Gebäude sind in unseren Breitengraden nur durch die Entwicklung einer dynamischen Bautechnologie möglich geworden. Transparenz verkörpert Freiheit. Großflächige Verglasungen und Curtain-walls befreien den Blick von der disziplinierenden Einengung durch Mauerwerk. Schon 1914 sagte Paul Scheerbart in seinem Glas-Manifest, daß das Ersetzen einer Architektur aus Stein durch eine aus Glas die Kultur auf eine höhere Stufe heben würde. Die neue, gläserne Umgebung würde zu einer offeneren, gesünderen Gesellschaft führen. Transparenz durch Glas ist Wahrheit durch Entgrenzen. Sie öffnet, was

a space into rooms by means of fabric partitions and protecting these rooms against the weather by means of ceilings. For him, the primary element was the partition as the enveloping textile element; the structure carrying the envelope being the secondary element. In his book "Der Stil in den technischen und tektonischen Künsten oder praktische Ästhetik" of 1860, he shows that the original textile envelope gradually evolved through a number of metamorphoses into plasterwork, paint and incrustation applied to the load-bearing frame. According to this paraphrase of the "clothing" theory, which resulted from the study of Greek and Roman temples, a building requires a structural frame or skeleton that holds the textile partitions or "walls" together. The "dress envelope" which enhances and challenges, may find its analogy in a competitive evolution of buildings, as evidenced by the Japanese Issey Miyake and Yoshi Yamamoto and in Europe by Christa de Carouge.

It is a characteristic of Werner Sobek's to probe in a positive manner into the larger context of how an envelope enclosing a human body or the frame of a building is constructed. Each attempt at a synthesis includes the basic assumption that the envelope is a well-ordered structure and intelligible. Werner Sobek designs with a profound and sensitive understanding of structures. His outstanding self-confidence in finding the right shape is indicative of his intellectual and sensual imagination. The aesthetic quality of his building envelopes is a result of simplicity: they appear sober, varied, elegant and transparent.

The word "translucent" provides a key to construction engineering. In our latitudes, open, lightweight and bright buildings have been made possible only by the development of a dynamic technology in the field of building construction. Transparency suggests freedom. Large areas of glass and curtain walls liberate the view from the restrictions imposed by masonry. As early as 1914, Paul Scheerbart stated in his "Glass Manifesto" that replacing the architecture of stone with an architecture of glass would raise civilisation to a higher level. The new glazed and transparent environment would result in a more open and healthier society. The transparency produced by glass is synonymous with truth revealed by the removal of restrictions. It opens up what was previously concealed. Walls lose their solid quality. The "picture window" draws the outside world into the room and turns the open aspect into an artefact. This is why Werner Sobek is so anx-

zuvor verborgen war. Die Wand dematerialisiert. Das „Picture" bringt das Außen ins Innere und macht das Offensein zu einem Artefakt. Werner Sobek geht es deshalb um das Offen-Sein, ein Grundprinzip der Demokratie, welches sich direkt in der Offenheit von Bauten ausdrückt. Seinen Glaube an eine freiheitliche demokratische Zukunft finden wir in seiner Ingenieur-Kunst, in die man hineinschauen kann, die nichts zu verbergen hat und nichts verbergen will. Seine Entwürfe sind erfüllt von Bewegung, Zerlegbarkeit und Leichtigkeit. All dies vereint sich mit der visionären Kraft des Ingenieurs zu einer überzeugenden Einheit. Die Neuschaffung des Begriffs „translucent structure", das Zusammenwirken von filigraner Leichtbau-Technologie und dem evolutionären Weg im heutigen Ingenieurwesen, bestätigt sich in seinem Schaffen. Im Besonderen ist es dem Team von Werner Sobek in Stuttgart gelungen, die Entfaltung dieser neuen Statik als Ästhetik zu proklamieren. Dazu brauchte es Durchsetzungsvermögen und intensives Studieren von Möglichkeiten und Grenzen. Wir zitieren Sätze von Meisterarchitekten, einen von Ludwig Mies van der Rohe und einen von Daniel Burnham: „Wenn Ihr plant, denkt nicht nur an den Hammer. Nehmt auch die Fanfare zur Hand. Bauen braucht schmetternde Ideen." Und: „Macht keine kleinen Pläne. Ihnen fehlt der Zauber, das Blut in Wallung zu bringen. Macht große Pläne, setzt das Ziel Eurer Arbeit so hoch wie möglich. Abrufen werden ohnehin noch andere."

Kreativität suggeriert – das Adjektiv „suggestiv" meint innere Beeinflussung, Suggestion ist Willensübertragung sowie Hervorrufen bestimmter Gedanken, Gefühle und Handlungen. Es ist der Einfluß und die Wirkung eines Bauwerkes auf den Menschen. Der sichtbarste Ausdruck des kreativen Ingenieurs findet sich in der bis ins Detail durchgezogenen Transparenz des Baukörpers. Architektur ist darum sichtbar gemachte Konstruktion.

Ausblick und Dank

So laßt uns doch hoffen: daß es endlich wieder die wahre Disziplin der Ingenieur-Kunst gebe, daß die Ingenieure aus dem Schlaf der Unvernunft erwachen und ihre Aufgabe in der Kunst erfüllen, um aus dem kleinkarierten Rechnen wieder eine schöne Vielfalt zu machen. Diesen Vorsatz dürfen wir doch für die Ingenieur-Kunst träumen – nicht wahr, sondern kreativ sein! Diese Arbeit könnte zu einem Aufbruch zum Erkennen, Prüfen, Verstehen, Durchhalten, Hinzufügen sein. Auf der

ious to promote openness, a fundamental principle of democracy which finds its direct expression in the openness of buildings. His belief in a free and democratic future is reflected in his art of engineering, which reveals everything, has nothing to hide nor intends to hide anything. His designs are full of movement and lightweight gracefulness and based on modular construction. All these aspects, combined with the visionary power of the engineer, result in a convincing unity. The new term "translucent structure", the synergy of filigree-like lightweight building construction combined with the evolutionary path in modern engineering, is confirmed in his work. In particular, Werner Sobek's team in Stuttgart has been successful in proclaiming the development of this new era in structural engineering as a new aestheticism. This required determination and an intensive study of possibilities and limitations. Let us quote two statements by masterarchitects, one by Mies van der Rohe and the other by Daniel Burnham: "Whenever you design a building, do not just think of the hammer. Get hold of a trumpet. Building design requires shattering ideas." And: "Do not make little plans. They lack the magic that makes the blood boil. Make great plans. Set the sights of your work as high as possible. Others will take the credit anyway." Creativity is suggestive; the adjective "suggestive" means "influencing an individuals's thinking or feelings"; "suggestion" means the imposition of a will as well as the provocation of certain thoughts, feelings or actions. It is the influence and effect a building has on a person. The most visible expression of the creative engineer can be found in the transparency which pervades the body of the building right into the smallest detail. Architecture is therefore building design rendered visible.

Acknowledgment

Let us therefore hope that at last the true discipline of the art of engineering may rise again and that the engineers may awaken from their irrational slumber and fulfil their obligation towards the Arts, so that once again paltry calculations may be turned into beautiful variety. Is it not legitimate to desire this vision for the sake of engineering? ... to be creative? The present study could serve as a starting point and incentive to perceiving, investigating, understanding, persevering and contributing. In the search for the outlines of architecture, black and white photography shows the details of the buildings. In addition the

Suche nach den Konturen der Baukunst setzen schwarz-weiße Photographien das Bauwerk ins Bild. Zusätzlich illustrieren Zeichnungen den Text. Formale und funktionale Gedanken werden auf urbane Details und konstruktive Voraussetzungen „fokussiert". Darum ist dieses Kompendium der gebauten Welt für wißbegierige Ingenieure und Architekten, die in die Welt der Ingenieur-Kunst hineinsehen wollen, ein unentbehrlicher Leitfaden.

Die Arbeiten von Werner Sobek sind wie keine anderen mit der Entwicklung der heutigen Ingenieur-Kunst verbunden. Ihre Darstellung offenbart die statischen und ästhetischen Hintergründe eines Prozesses, der innerhalb unserer Generation zur neuen Akzentsetzung und Entwicklung führt. Offenkundig werden Höchstleistungen im technischen Prozeß, Visionen im statischen Kräftespiel und Reinheit in der Verwendung des Materials – alles zu einem virtuellen Ganzen zusammengefügt, zu einer Gesamtform, bei der kein Teil mehr subtrahiert werden kann, voll ästhetischer Kraft und intellektueller Wirkung.

In vielen Begegnungen, hoch über Stuttgart an der Albstraße im Rundbürohaus, in den transparenten Räumen der Werner Sobek Ingenieure GmbH, fanden seit 1995 Gespräche statt, Dialoge in scharfen, genauen Formulierungen der Begriffe, Definitionen und Thesen. Insbesondere Werner Sobeks Fragen und Synthesen haben mich zum vorliegenden Buch angeregt. Bei den Gesprächen war auch Anja Thierfelder dabei, in deren Händen die Verantwortung für die redaktionelle Arbeit und für die Gestaltung des Buches lag. Werner Sobek aber gehört der aufrichtige Dank für die verständnisvolle Einführung in sein Werk und die Überlassung einiger Textfragmente. Hier wurde die Grundidee verstanden, Ingenieur-Kunst neu zu beerben. Dies ist Anlaß genug, dem Ingenieur in Zukunft wieder als Künstler zu begegnen und ihn als gleichwertigen Partner des Architekten zu begreifen.

text is illustrated by drawings. Formal and functional thoughts are focussed on "urbane" details and constructional requirements. This is why this compendium of architecture is an indispensable guide for those engineers and architects who are thirsting for knowledge and want to gain an insight into the Art of Engineering.

The representation of Werner Sobek's work is, like nobody else's, linked with the evolution of modern engineering. It reveals the structural and aesthetic background of a process which within our own generation is leading to new emphases and developments. Obvious aspects of this process are extreme achievements in technology, visionary designs in terms of the interplay of structural forces, and purity in the use of materials. All these are combined in a virtual whole: a complete form from which no detail can be subtracted; a complete concept brimming with aesthetic power and intellectual effectiveness.

Since 1995 many meetings have taken place in the bright offices of Werner Sobek GmbH, located in the round office building on the Albstrasse high above Stuttgart, which have been remarkable for their conversations and dialogues in which terms, definitions and theories have been formulated with great precision. It was especially Werner Sobek's questions and conclusions which have stimulated me to write this book. These meetings were also attended by Anja Thierfelder, who has been responsible for the editorial work and design of the book. I would like to express my sincere gratitude to Werner Sobek for the sympathetic and sensitive introduction to his work. He fully understands the basic idea that the art of engineering has to be "inherited" once again. This should be sufficient reason to respect the engineer again as an artist and to accept him as an equal in the partnership between architect and engineer.

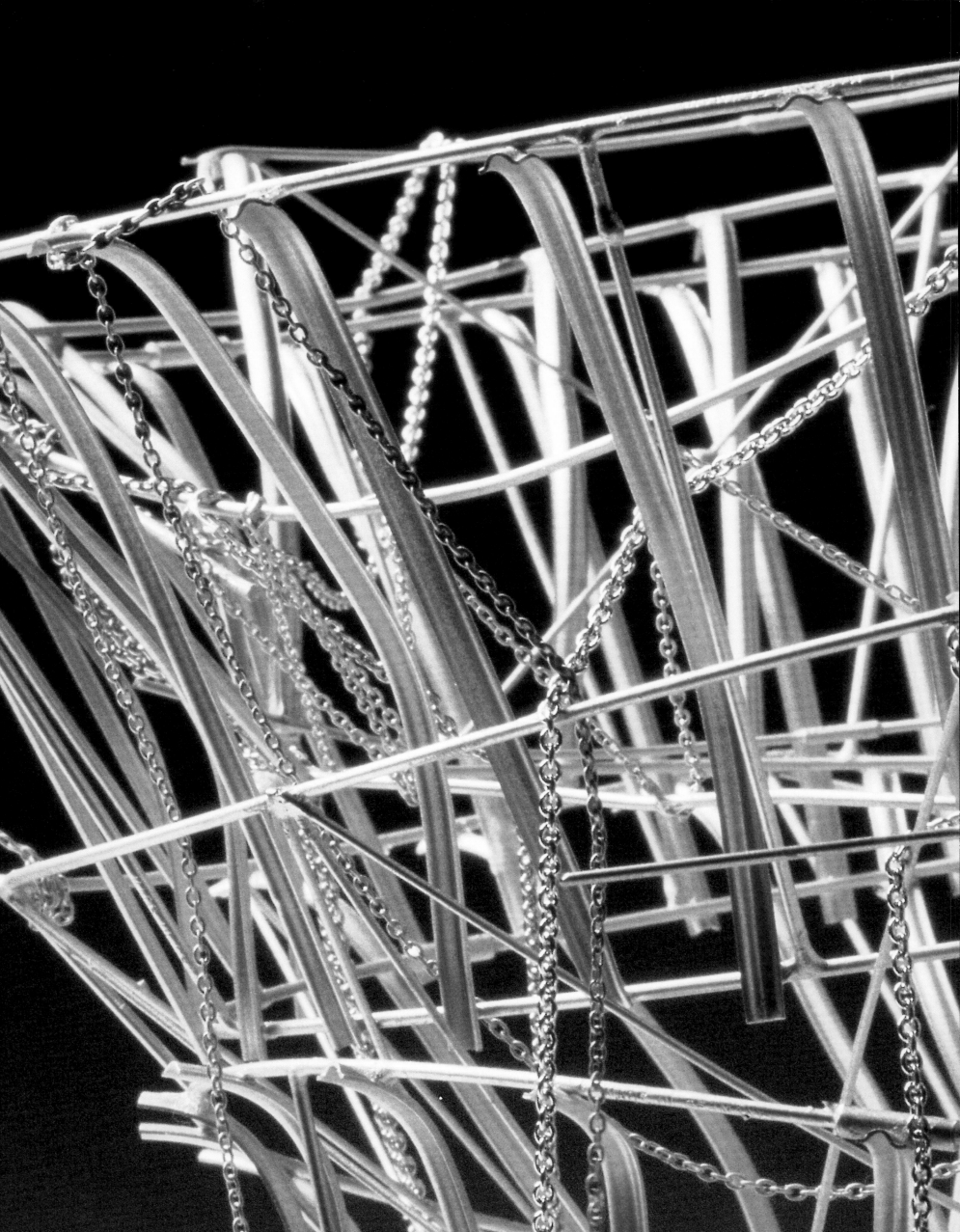

Colours and Materials
Farbe und Stoff

Im Gespräch mit ihm ‚über das Gebaute' ist von Analyse oder statischer Berechnung so gut wie nie die Rede. Werner Sobek spricht vielmehr von Farbe, Licht, über die Strukturierung der Kräfte, über den Entwurf von Kräftepfaden, über das Materialisieren, über Materialbelegung, über das Stoffliche. Er beschreibt Konstruktionen mit seinen Händen in der Luft oder er wirft sie, erläuternd, in einer Vielzahl von Skizzen auf Papier. Was man zunächst aus einem Gespräch mit einem Ingenieur erwartet, tritt nicht ein. Vielmehr erscheint ein grundlegend anderes Verständnis, eine grundlegend andere und vielfach überraschende Sicht der Dinge.

Es geht ihm im Gespräch immer wieder um das Wesen der Dinge, um den Geist, den man einem Bauwerk mitgibt. Unabhängig davon, ob es sich um eine Brücke, einen Industriebau oder ein Wohngebäude handelt. Alles Gebaute sei von gleicher Wichtigkeit, von gleichem Rang. Und er spricht vom Grundrecht eines jeden Menschen auf eine sorgsam gestaltete Umwelt, das jeden Entwerfenden, jeden Bauschaffenden verpflichtet.

Werner Sobek sagt von vielen seiner Bauten, sie seien Arbeiten und Experimente an den Grenzen von Wissenschaft und Kunst. Dies beschreibt ihn vielleicht am besten und zeigt gleichzeitig die Ursprünge auf, aus denen seine Gedanken stammen. Experimente an den Grenzen von Wissenschaft und Kunst – das ist einerseits ein aus der rationalen Strenge des für die Standsicherheit verantwortlichen Ingenieurs begründetes, jedoch stets aus den mannigfaltigen Lösungsmöglichkeiten des Ingenieurwesens schöpfendes Bauen. Gleichzeitig ist es ein Bauen, ein Konstruieren, das auf einem tiefen und ursächlichen Verständnis von Kunst beruht und das dieses Verstehen als ein selbstverständliches Damit-Umgehen in seine Bauten verwebt.

Fassadenelemente aus geschmolzenem Gestein, lavagleich, oder Bauteile aus tiefblauem gegossenem Glas, durch Fliehkräfte aufgespannte, hauchdünne Schirme in unterschiedlichen Rotchangierungen oder Kuppeln aus weißgefrorenem Eis. Große Dächer aus transluzentem Stoff, die man geräuschlos innerhalb weniger Minuten auf- und zufahren kann oder filigrane Schalen aus Glas. Pneumatisch stabilisierte Konstruktionen und Kunstwerke, aus hunderten von deformierten und punktuell miteinander verschweißten Fahrradständerblechen bestehend – dies sind nur einige von Werner Sobeks Bauten. Wodurch sie alle wirken, das sind nicht die teilweise riesigen Spannweiten oder die Klarheit in der Konzeption und Behandlung der Kon-

In conversations with Werner Sobek about his building projects, the subject of analysis or structural calculation is hardly ever mentioned. He rather talks about colour, light, the structuring of forces, the design of force lines, the use and choice of materials, in short: the material. He uses his hands to outline designs in the air or draws them on paper in numerous sketches. What one initially expects from a conversation with an engineer does not happen. Instead, he presents a fundamentally different understanding, a fundamentally different and, in many cases, surprising view of things.

His conversations always focus on the essential nature of things, on the genius that is imparted to a building, irrespective of whether the building project is a bridge or an industrial or residential building. In his opinion, all buildings are of equal importance. He asserts the fundamental right of each individual to a carefully designed environment, which puts all those responsible for design and building construction under obligation.

Werner Sobek describes many of his buildings as works and experiments at the limits of science and art. This statement probably characterises him best and at the same time reveals the origins of his thoughts. Experiments at the limits of science and art – this means, on the one hand, building design founded on the rational strictness of the engineer responsible for the structural safety of the building, but always inspired by the variety of possible engineering solutions; on the other hand, it means building design which is based on a profound and causal understanding of art and merges this understanding into the building in a natural and unselfconscious way.

Façade cladding elements created from molten rock and resembling lava; building components cast from deep blue glass; wafer-thin umbrellas in changing shades of red, spun by centrifugal force; or domes consisting of frosted ice; large roofs fabricated from translucent material, which can be opened or closed noiselessly in a few minutes, or filigree-like shells made of glass; pneumatically stabilised structures and works of art fabricated from hundreds of carefully deformed and spot-welded bicycle stand channels – to mention only a few of Werner Sobek's designs. They invariably impress, not by the sometimes huge spans or clarity of the design concept or treatment, but by their logic, the care with which the components are arranged, shaped and assembled, and by the power inherent in the combination of light, colour and quality of materials. In his view, "building"

⟨
Sculpture in front of the German parliament building in Bonn: model, detail
Skulptur vor dem Deutschen Bundestag in Bonn: Modellstudie, Ausschnitt

struktion, sondern die Sinnfälligkeit und die Sorgfalt in der Anordnung, Ausformung und Fügung der Bauteile und die in der Verwebung von Licht, Farbe und Materialqualität wohnende Kraft. Bauen ist für ihn ein Strukturieren des Raumes mit Farbe, Licht und Material, wobei seine besondere Könnerschaft sicherlich darin liegt, die Materie in ihrer Masse, Farbe und Oberfläche auf sparsamste Weise so zu formen und anzuordnen, daß die tragende Funktion der Materialien besonders sinnfällig, anschaulich und verständlich wird. „Sie sind der Meister der Einfachheit" schrieb ihm Professor Harald Egger aus Graz 1997.

Werner Sobek beschreibt eine seiner Grundpositionen so: „Das Entwerfen einer tragenden Konstruktion ist für mich eben genau nicht das Heraussuchen und anschließende Kombinieren von statischen Standardlösungen wie Rahmen, Träger oder Bogen. Das Entwerfen von tragenden Konstruktionen ist vielmehr das Strukturieren der Kräfte im Raum und das anschließende Belegen der so entstandenen Kraftkanäle mit den für Druck- oder Zugbeanspruchung geeigneten Materialien. Diese Materialien werden so gesetzt, daß ihre Farb- und Oberflächenwirkungen wie beabsichtigt zur Geltung kommen und daß die Proportionierung der Struktur insgesamt durch die statisch erforderlichen Abmessungen der einzelnen Bauteile optimal unterstützt wird.

An Materialien gibt es eine unendliche Vielfalt, viel mehr als Stahl, Holz oder Beton. Kaum eines dieser Materialien ist in seiner Oberfläche und seiner Farbwirkung a priori determiniert. Die Unterschiede der Holzwerkstoffe hinsichtlich ihrer Farbstruktur sind für mich viel wichtiger als ihre Unterschiede in der ausnutzbaren Festigkeit. Furnierschichtholz, Oriented-Strand-Board oder Paralam-Qualitäten beispielsweise weisen tief unterschiedliche farbliche Mikrostrukturen auf. Damit, und mit einer entsprechenden Ausformung des Bauteils und seiner Fügungen, läßt sich hervorragend arbeiten. Noch bevor man die Mittel der Lasur oder der alterungsbedingten Patina einsetzt."

Eindrucksvoll kommen diese Überlegungen in Werner Sobeks Bauten aus Stoff zum Ausdruck. Hier geht es um Konstruktionen aus hauchdünnen, nur ca. 1mm dicken beschichteten Geweben aus hochfesten Fasern, beispielsweise aus Glasfasern, Polyester- oder PTFE-Fasern, mit denen sich sehr leistungsfähige Konstruktionen, auch für große Spannweiten, realisieren lassen. Viel wichtiger als die Möglichkeit der Überbrückung großer

means structuring space by means of light, colour and materials; his particular skill consists in shaping and arranging the mass, colour and surface of the materials in an extremely economical way and in such a manner as to render their load-bearing or structural function particularly logical, evident and comprehensible. "You are the master of simplicity" wrote Professor Harald Egger from Graz in 1997.

Werner Sobek describes one of his basic attitudes in this way: "For me, the designing of a load-bearing structure does certainly not mean selecting and combining structural standard solutions such as frames, beams and arches. Designing load-bearing structures rather means structuring the forces in a space and then replacing the resulting force lines with materials suitable for supporting the compressive and tensile stresses. These materials are specified so as to ensure that their colours and textures fully produce the intended effect and that the proportioning of the overall structure is optimally enhanced by the structurally required dimensions of the individual components.

In addition to steel, timber and concrete, there is an unlimited variety of materials to choose from. Hardly any of these materials offers itself prima facie as suitable because of its surface or colour. To me, the differences between the various timber materials in terms of colour structure are much more important than any differences in terms of usable strength. Plywood, oriented strand board, or Paralam grades, for instances, exhibit profoundly differing colour microstructures. These are eminently usable materials, provided the components and their joints are suitably shaped – even before the application of varnish or the formation of age-related patina."

These thoughts find their strong expression in Werner Sobek's textile buildings. These are structures consisting of very thin high-strength fibre fabrics which are only 1mm thick and coated. The fibres can be polyester, glass or PTFE and allow the design of very efficient structures, even for covering large spans. Much more important than the possibility of covering large spans, however, is the fact that textiles are the only building material that can be folded, that in their various colours they are translucent and that by using appropriate technology, they can be manufactured into membranes of various three-dimensionally curved shapes. In this way we can produce folding roofs which can cover/uncover a large enclosed space within a few

Spannweiten ist aber, daß Gewebe der einzige faltbare Baustoff sind, daß sie in verschiedenen Färbungen transluzent sind und daß sie sich, unter Zugrundelegung entsprechender Technologien, zu den verschiedensten räumlich gekrümmten Formen vorfertigen lassen. So entstehen faltbare Dächer, die innerhalb weniger Minuten einen großen Raum öffnen oder schließen, die während ihrer Bewegung ihre Lichtdurchläßigkeit verändern, deren Faltenwurf sich vom dichten Paket zur glatt gespannten Fläche stetig verändert.

Der Faltenwurf ist wesentlicher Entwurfsbestandteil. Er bestimmt Farb- und Lichtmuster, er gewährleistet das problemlose Entfalten wie die entsprechende Packungsdichte des gerafften Stoffes.

Dächer aus Stoff, deren Flächen von bis zu 3500 m² auf Knopfdruck innerhalb von weniger als 5 Minuten geöffnet oder geschlossen werden, sind große Maschinen. Die Spannweiten dieser Maschinen liegen bei bis zu 100 m. Eine Vielzahl von Elektromotoren, Hydraulik- und Pneumatikzylindern, Anemometer, Hygrometer und berührungslos messende Sensoren

minutes; which in the course of their movement change their translucence and whose folding pattern steadily changes from a dense bale of fabric to a smooth and creaseless surface.

The folding pattern is an essential part of the design. It determines the colour and light patterns and ensures that the fabric can be unfurled without any problem or furled to the required packing density of the material.

Textile roofs or covers with surface areas of up to 3500 square metres, which can be closed or opened within 5 minutes at the push of a button, are large pieces of machinery. The spans of these machines can be up to 100 metres. A large number of electric motors, hydraulic and pneumatic rams, anemometers, hygrometers and proximity sensors move and monitor these machines during their movement under computer control. For Werner Sobek, however, the quality of the shape, the unfurling pattern and the resulting colour and light patterns are even more important than the technical/aesthetic perfection of the machine itself. We may be

bewegen und überwachen diese Maschinen während ihrer Bewegung computergesteuert. Für Werner Sobek ist aber die Qualität der Form, des Entfaltens, der sich einstellenden Farb- und Lichtmuster noch wichtiger als die technisch-ästhetische Perfektion der Maschine selbst. Sicherlich war am Anfang seiner mittlerweile zehnjährigen beruflichen Tätigkeit die Entwicklung der statisch-konstruktiven, der maschinentechnischen und der steuerungstechnischen Lösungen das intellektuell fordernde und bestimmende Moment. Die errungene Beherrschung der technischen Randbedingungen wurde jedoch bald durch die Auseinandersetzung, das Arbeiten mit den formalen Möglichkeiten des Baustoffes Stoff überlagert. In den drehenden Schirmen findet beides seinen vorläufigen Höhepunkt. Diese drehenden Schirme besitzen kein zerbrechliches Gestänge mehr. Vielmehr wird der Stoff durch einen im Mast integrierten Motor in Rotation versetzt und dadurch mit Hilfe der Zentrifugalkraft aufgespannt. Die Form der Schirme wird durch die Optimierung des Kräftebildes in der rotierenden textilen Fläche bestimmt.

sure that at the beginning of his professional career, which spans the past ten years, the development of the structural, engineering and control aspects were the intellectually challenging and determining factor. The mastery of the technical aspects was, however, soon to be overlaid by the study of the formal possibilities which textiles as a building material offered. Both have so far culminated in the rotating umbrellas. These rotating umbrellas no longer have a fragile frame. Instead, the textile membrane is rotated by a motor built into the mast and opened and stretched by centrifugal force. The shape of these umbrellas is determined by optimising the force pattern in the rotating fabric surface. The rotating fabric membrane produces marvellous colour and light patterns, especially when several umbrellas overlap.

The rotating umbrellas
Die drehenden Schirme

Theory as an Indispensable Foundation
Theorie als Voraussetzung

In den Bauten und Konstruktionen von Werner Sobek und seinem Team verweben sich Technologien aus den unterschiedlichsten Fachrichtungen und Disziplinen: Konstruktionsweisen aus dem Automobil-, Flugzeug-, und Schiffsbau oder aus der Textiltechnik kommen genauso zur Anwendung wie unterschiedlichste, teilweise exotisch anmutende Werkstoffe wie beispielsweise die großen, tragflügelartigen Schattierungslamellen aus Titanblech für den neuen Flughafen in Bangkok. Diese Vielfältigkeit und der teilweise enorme statisch-konstruktive Schwierigkeitsgrad seiner Konstruktionen verlangen ein breites, theoretisches Fundament, eine entsprechende Ausbildung, von der Werner Sobek fordert: „Wenn man die nichtlinearen Systeme beherrscht, dann werden die linearen Systeme der alltäglichen Konstruktionen selbstverständlich, einfach. Ziel muß es also sein, die physikalisch wie die geometrisch nichtlinearen Systeme, die räumlich gekrümmten Flächen und das mechanische Verhalten der Werkstoffe in allen Aspekten und Schwierigkeitsgraden so tief zu verstehen, daß einem diese Zuammenhänge in das Unbewußte übergehen. Erst dies ermöglicht souveränes Konstruieren. Dazu kommt die Kenntnis der Baustoffe hinsichtlich ihrer Verarbeitung und ihrer Verarbeitbarkeit. Denn nur wer weiß, wie man einen Werkstoff formen kann, der kann ihm eine neue Form geben. Dies ist aber noch nicht alles. Entscheidend ist, einen Baustoff in einer Konstruktion so formen und plazieren zu können wie ein Maler eine Farbe auf einem Bild setzt."

Es gibt zur Zeit wohl kein Studienfach, keinen Studienort, in dem man das Wissen erwerben kann, das diesem Anspruch, dieser Überzeugung zugrunde liegt. Entsprechend gestaltete sich das Studium von Werner Sobek. Dem Studienbeginn im Wintersemester 1974/1975 folgte alsbald der Beschluß, die eingeschlagene Studienrichtung Bauingenieurwesen wieder abzubrechen. Obwohl er an einer der angesehensten und besten Bauingenieurfakultäten zu studieren begonnen hatte, war er mit dem inhaltlichen Charakter des Lehrangebotes unzufrieden. Der Grund war offensichtlich: Das gesamte Bauingenieurstudium bezog sich auf die Analyse vorgegebener Strukturen bzw. statischer Systeme und deren anschließende Bemessung. In den meisten Fällen erschien ihm aber bereits die vorgegebene Struktur als untauglich, nicht optimal und durch nahezu willkürlich gewichtete Randbedingungen determiniert. Wie aber entstand eigentlich der Entwurf der tragenden Struktur eines Bauwerks? Warum war

The buildings and structures designed by Werner Sobek and his team combine technologies from the most diverse industries and disciplines: construction methods used in the automobile, aircraft and shipbuilding industries or the textile industry are applied together with the most various and sometimes "exotic" materials as, for example, in the large aerofoil-shaped sun louvres for the new Bangkok airport, which are fabricated from titanium sheet. This variety and the sometimes enormous structural and design difficulties of his projects require a broad theoretical foundation of educational and vocational training, of which Werner Sobek demands: "When one has mastered the non-linear systems, the linear systems of ordinary structures become self-evident, even simple. It should therefore be our objective to acquire so profound an understanding of the physical as well as the geometrically non-linear systems, of 3-dimensionally curved surfaces and the mechanical behaviour of materials in all aspects and degrees of difficulty, that these relationships become part of one's unconscious knowledge. It is not until then that the engineer is capable of masterly design. To this requirement should be added a thorough knowledge of construction materials in terms of their processing capabilities; for only those that know how to shape a material will be able to shape it. But this is not all. It is crucial that the designer should be able to form and position a material in his design just like a painter applies a colour to his picture."

It is unlikely that there exists at present an academic subject or institution where one can acquire the knowledge on which this claim or conviction is based. This is reflected in Werner Sobek's career as an undergraduate student. Soon after he had started his course in the winter term of 1974–1975, he decided to give up studying structural engineering and choose a different course. Although he had begun his studies at one of the best and most respected construction engineering faculties, he was dissatisfied with the content of the degree course. The reason was obvious: the entire course dealt with nothing but the analysis of existing structures and structural systems and their dimensioning. In most cases he considered the very structure as unsuitable, not optimal and determined by arbitrarily weighted terms of reference. How did the design of a load-bearing structure of a building originate? Why was this structure in most cases so unrecognisable in the finished building, why was it developed, proportioned and detailed with so little skill?

⟨
Couverture des Arènes de Nîmes: the air cushion is being deflated
Couverture des Arènes de Nîmes: die Luftkissenkonstruktion während des Ablassens der Luft

diese in den meisten Fällen innerhalb des Gebauten so schwer erkennbar, ablesbar, so wenig gekonnt entwickelt, proportioniert und detailliert?

Selbst an einer durch Emil Mörsch und Fritz Leonhardt berühmt gewordenen, von Jörg Schlaich und Frei Otto geprägten Bauingenieurfakultät gab es 1975 kein Lehrangebot über das Entwerfen, das Konzipieren, die Synthese tragender Strukturen. Werner Sobek entschloß sich daraufhin, ebenfalls in Stuttgart, zusätzlich Architektur zu studieren. Das wesentliche Interesse lag dabei zunächst in einem Verstehen-Lernen architektonischer Gesamtzusammenhänge und der Randbedingungen, innerhalb derer die tragenden Konstruktionen eines Bauwerkes entwickelt werden. Dabei war von Anfang an klar, daß dieses von ihm sehr geschätzte Zweitstudium kein hinreichendes Wissen darüber bringen konnte, worin seine eigentliche Fragestellung lag.

Es folgte das Suchen in anderen Disziplinen, die in Stuttgart glücklicherweise ebenfalls durch herausragende Lehrer vertreten waren. Tragende Strukturen im Flugzeugbau wie im Automobilbau, tragende Strukturen aus Fasern in der Textiltechnik. Schließlich die Konstruktionen in der lebenden und nichtlebenden Natur und die ersten Begegnungen mit Frei Otto, an dessen Institut für Leichte Flächentragwerke (IL) er daraufhin als studentische Hilfskraft zu arbeiten begann. Frei Otto gab während der gesamten Zeit seines Wirkens in Stuttgart keine regulären Vorlesungen. Ein umfassendes Verstehen seiner unschätzbar wichtigen Beiträge zur Baukunst sowie seiner aktuellen Arbeiten und Entwicklungen konnte also nur durch eine Mitarbeit im Institut selbst erfolgen. Die folgende Zeit, in der Werner Sobek insbesondere mit Jürgen Hennicke und Klaus Bach zusammenarbeitete, war von besonderer Prägung für seinen weiteren Werdegang. Erstmals fand er seine in den ersten Studienjahren entwickelte Überzeugung bestätigt, daß das Entwerfen tragender Strukturen auch als Entwerfen von Kraftzuständen, von Kraft- bzw. Spannungsfeldern verstanden werden muß und nicht allein aus einer – mehr oder weniger gekonnten – Kombination geometrisch zumeist einfacher Elemente wie Scheibe, Platte und Stütze bestehen kann.

Dieser geschilderte Ansatz ist von grundlegender Bedeutung. Wie aber entwickelt man die zunächst nicht bekannte Form einer tragenden Struktur, von der man fordert, daß sie unter einem bestimmten, vorgegebenen Kraft- bzw. Spannungszustand steht? Für die Vorgabe einer ausschließlichen Zugbeanspru-

In 1975 even a construction engineering faculty made famous by Emil Mörsch and Fritz Leonhardt and run by Jörg Schlaich and Frei Otto did not offer a course on the design and synthesis of load-bearing structures. Werner Sobek then decided to study architecture as well, also at Stuttgart. His main interest centred on learning to understand architectural relationships and the terms of reference within which the load-bearing structures of a building are developed. He realised from the start that this additional course of study, although greatly valued by him, could not provide him with adequate knowledge to answer his questions.

He then searched in other academic disciplines which, fortunately, were represented in Stuttgart by eminent teachers – load-bearing structures in aircraft and automobile engineering, load-bearing fibre structures in textile engineering – and eventually he became acquainted with the structures found in living and inanimate nature, and met Frei Otto, at whose Institute for Lightweight Structures (IL) he subsequently started working as an undergraduate amanuensis. During his tenure at Stuttgart, Frei Otto never gave regular lectures. A comprehensive understanding of his inestimably important contributions to architecture and his current work and developments could therefore be obtained only by becoming a collaborator at the institute. The period that followed, in which Werner Sobek worked together especially with Jürgen Hennicke and Klaus Bach, was of special importance for his future career. For the first time, he saw his conviction, which he had developed in the first years of his studies, confirmed: that the designing of load-bearing structures should be understood also as the designing of states of force and fields of force and stress, and that it can consist not merely of a more or less skilled combination of – mostly simple – geometrical elements such as discs, plates and columns.

This hypothesis is of fundamental significance. How does one, however, set about developing the – initially unknown – shape of a load-bearing structure which is required to exhibit a certain specified state of force or stress? For the purpose of specifying only tensile loads, Frei Otto had developed for thin membranes and nets a whole range of experimental solutions which he called "form-finding methods". Furthermore, by using the inverted model or inverted shape method, Heinz Isler and Frei Otto had indicated methods often used in determining the shape of structures which are in a state of compres-

chung hatte Frei Otto für die dünnen Häute und Netze ein ganzes Repertoire experimenteller – von ihm als Formfindungsmethoden bezeichneter – Lösungen entwickelt. Heinz Isler und Frei Otto hatten darüberhinaus über die Technik der Umkehrmodelle oder Umkehrform vielbenutzte Methoden zur Formfindung ausschließlich druckbeanspruchter Konstruktionen angegeben. Für verallgemeinerte Kraftsysteme standen experimentelle Lösungen jedoch noch aus. Zudem hatte Werner Sobek im Gedankengebäude der Methoden zur Formfindung ausschließlich druckbeanspruchter Konstruktionen einen grundlegenden, prinzipiellen Fehler gefunden. (Später publiziert in „Auf pneumatisch gestützten Schalungen hergestellte Betonschalen"). Zutiefst verunsichert, wandte er sich deshalb zunächst den theoretischen Grundlagen des Entwerfens von Kraft- bzw. Spannungsfeldern zu. Hierüber konnte man bei Klaus Linkwitz unendlich viel lernen.

Jürgen Joedicke, bei dem Werner Sobek eine Arbeit über organische Architektur angefertigt hatte, stellte ihn Jörg Schlaich vor. Das Ergebnis des Gesprächs war der Beginn einer letztlich zehn Jahre dauernden Mitarbeit bei Jörg Schlaich, zunächst, nach der Diplomarbeit, als wissenschaftlicher Mitarbeiter an dessen Institut (bis 1986), danach als Mitarbeiter im Ingenieurbüro Schlaich Bergermann und Partner (bis 1990).

Die unter der Betreuung von Switbert Greiner bei Jörg Schlaich angefertigte Diplomarbeit „Zum Problem der Randausbildung mechanisch vorgespannter Membrankonstruktionen" bedeutete eine weitere Vertiefung der bereits mehrere Jahre währenden intensiven Beschäftigung mit textilen Membranen. Die in den Membranen liegende Faszination und die Vielzahl der in dieser Bautechnik noch ungelösten Probleme führten dazu, daß sich Werner Sobek in den Jahren nach dem Studienabschluß neben den Fragen der Form-„findung" vertieft dem textilen Bauen widmete.

Bereits vom Anfang seines Studiums an hielt sich Werner Sobek immer bei unterschiedlichen Wissenschaftsdisziplinen auf, erlernte deren spezifische Denkweisen und Sprachen. Das „inter disciplinas" war für ihn zwingend und selbstverständlich, er konnte gar nicht anders arbeiten. Gleichzeitig entfernte er sich immer mehr von dem, was man sich unter einem Bauingenieur vorstellte und immer noch vorstellt.

Das Studium war 1980 beendet. Die Jahre von 1981 bis 1986, in denen er in der Arbeitsgruppe von Jörg Schlaich im Sonderforschungsbereich „Weitgespannte Flächentrag-

sion only. Experimental solutions for force systems in general were, however, not yet available. Apart from that, Werner Sobek had found a fundamental error in the form-finding methods applicable to structures exclusively under compressive loads. (This was later published in "Auf pneumatisch gestützten Schalungen hergestellte Betonschalen" (Concrete shells cast on pneumatically supported shuttering). Profoundly disturbed, he therefore directed his attention first to the theoretical principles of designing force or stress fields. An inexhaustible source of knowledge in this field was Klaus Linkwitz.

Jürgen Joedicke, under whose aegis Werner Sobek had written a thesis on organic architecture, introduced him to Jörg Schlaich. The result of this meeting was a collaboration with Jörg Schlaich which was to last for ten years; first, having submitted his diploma thesis, Werner Sobek worked as a post-graduate researcher at Schlaich's institute (until 1986) and subsequently as an employee of the Schlaich Bergermann & Partner engineering consultancy (until 1990).

His diploma thesis, written under the aegis of Jörg Schlaich and the guidance of Switbert Greiner and entitled "Zum Problem der Randausbildung mechanisch vorgespannter Membrankonstruktionen" (Edge design in mechanically prestressed membrane structures), represented a further deepening of the intensive study of textile membranes, which he had been carrying on for several years. The fascination attached to membranes and the large number of problems still remaining unsolved in this construction technique caused Werner Sobek to devote his time to designing textile buildings – in addition to solving questions of "form-finding" – in the years following the completion of his degree course.

Right from the start of his degree course, Werner Sobek visited the various scientific university departments, where he learned their specific languages and methods of thinking. For him, the interdisciplinary approach was obligatory and obvious; he could not work in any other way. At the same time, he moved away more and more from the image that was and continues to be associated with a structural engineer.

His degree course was completed in 1980. The years from 1981 to 1986, during which he worked as a member of Jörg Schlaich's team within the special research project "Widespan membrane structures", offered Werner Sobek the ideal ground for pursuing his particular studies, as well as an additional period which he could devote to learning and gather-

Couverture des Arènes de Nîmes: aerial photograph
Couverture des Arènes de Nîmes: Luftaufnahme

werke' arbeitete, waren für Werner Sobek der ideale Boden zur weiteren Vertiefung seiner Interessen und ein Zeitraum für weiteres Lernen und Finden. Knut Gabriel, sein Arbeitsgruppenleiter, ließ ihn – mit viel Weitblick – seine wissenschaftlichen Wege selbst gehen, räumte ihm die notwendigen Randbedingungen und Freiräume ein und war stets interessierter Gesprächspartner. Es folgte so auf das Studium eine Zeit intensiver, teilweise sehr abstrakter wissenschaftlicher Arbeit, die insbesondere durch die Beschäftigung mit und neuen Beiträgen zu mathematisch-numerischen Methoden zur Form-„findung" sowie Untersuchungen der Werkstoffeigenschaften von Textilien und der Entwicklung von Berechnungsmethoden für dünnwandige Konstruktionen gekennzeichnet war. Die Dissertation „Auf pneumatisch gestützten Schalungen hergestellte Betonschalen" war 1985 fertiggestellt. Für sie erhielt er 1989 die höchste Auszeichnung für eine wissenschaftliche Arbeit auf dem Gebiet des Stahlbetonbaus, den Hubert-Rüsch-Preis des Deutschen-Beton-Vereins.

Bereits 1983 war Werner Sobek in New York der Fazlur-Khan-Award der Skidmore Owings & Merrill Foundation verliehen worden. Er war der erste, der diese bislang nur dreimal vergebene Auszeichnung erhielt. Die Randbedingungen waren unglaublich: Fazlur R. Khan war Chefingenieur bei Skidmore Owings & Merrill SOM gewesen, einem der über viele Jahre weltweit führenden Architektur- und Ingenieurbüros, das insbesondere durch seine Hochhäuser bekannt wurde. Fazlur Khan, der durch seine herausragenden Beiträge zur Baukunst, insbesondere durch die Entwicklung des tube, des tube-in-tube und des braced-diagonal-tube Systems den Hochhausbau revolutioniert hatte, und der durch sein umfassendes Verständnis des Bauschaffens und durch seine menschlichen Qualitäten weltweit geschätzt wurde, war 1982 im Alter von 52 Jahren plötzlich verstorben. SOM gründete daraufhin eine Stiftung mit dem Ziel, junge Ingenieure zu finden, von denen man glaubte, daß sie einmal das Bauschaffen im Sinne Fazlur Khan's weiterentwickeln könnten. Werner Sobek, der erste Preisträger, beschloß, die Arbeiten an der Dissertation zu unterbrechen und 1984 in Chicago und San Francisco bei SOM sowie am Illinois Institute of Technology IIT zum Thema ‚Hochhausbau und Leichtbau' zu arbeiten und zu studieren. In Chicago lernte er Brigitte Peterhans kennen, die ihm viele Türen öffnete und ihn stets mit einer Vielzahl von liebevollen und wichtigen Ratschlägen ausstattete. Ihr hat er viel zu

ing experience. Knut Gabriel, his team leader, allowed him, with much foresight, to choose his scientific research projects, provided him with the necessary facilities and freedom to study and was always an interested and sympathetic interlocutor. Thus the degree course was followed by a period of intense, at times quite abstract, scientific work featuring the study of and new contributions to mathematical/numerical methods of "form-finding", as well as an investigation of the material properties of fabrics and the development of calculation methods for thin-walled structures. The dissertation, entitled "Concrete shells cast on pneumatically supported formwork", was completed in 1985. In 1989 it won him the highest award for scientific work in the field of reinforced concrete construction, i.e., the Hubert Rüsch Award sponsored by the German Association of Concrete Manufacturers and Users.

As early as 1983 Werner Sobek had won the Fazlur Khan Award of the Skidmore Owings & Merrill Foundation in New York. He was the first to receive this prize, which so far has been awarded only three times. The terms of reference were incredible: Fazlur R. Khan had been chief engineer with Skidmore Owings & Merrill SOM, an architect and structural engineering partnership which had been among the leaders in its field worldwide for many years and was particularly well known for its high-rise buildings. Fazlur Khan, who had revolutionized the construction of high-rise buildings by his outstanding contributions to architecture, especially by developing the tube, tube-in-tube and braced diagonal tube systems, and who, thanks to his comprehensive understanding of building construction and his humane qualities, enjoyed worlwide esteem, died suddenly in 1982 at the age of 52. SOM subsequently established a foundation with the objective of identifying young engineers who might have the ability to continue developing architecture along the principles outlined by Fazlur Khan. Werner Sobek, the first winner of this award, decided to interrupt the work on his dissertation to study and work during 1984 in Chicago and San Francisco with SOM, as well as at the Illinois Institute of Technology IIT on the subject of 'High-rise building construction and lightweight structures'. In Chicago, he met Brigitte Peterhans, who opened many doors for him and was always willing to offer sympathetic and cogent advice. He will forever be indebted to her and to Myron Goldsmith, who has since died and who invited him to teach at IIT, shared with him his experience and views

verdanken, ebenso wie dem zwischenzeitlich leider verstorbenen Myron Goldsmith, der ihn zur Lehre an das IIT holte, der ihm viel aus seiner eigenen Arbeit und Anschauung berichtete und der ihn immer wieder förderte. Bill Baker, damals ein junger Projektingenieur und heute Partner bei SOM, wurde ein bleibender Freund.

Die Komplexität des Hochhausbaus, die enge Verflechtung von tragender Konstruktion, Erschließung, Nutzung, Fassade, Heizung und Kühlung, Brandschutz usw. erfordert ein in hohem Maße Disziplinen übergreifendes Verständnis aller an der Planung Beteiligten. 1984 konnte man Hochhausbau wohl nirgends besser verstehen lernen als bei SOM, die für nahezu alle Einzeldisziplinen entsprechende Fachleute in einem Büro vereinigten. Neben Städte- und Landschaftsplanern arbeiteten Architekten, Tragwerksplaner, Innenarchitekten, Aufzugsfachleute etc. jeweils an einem Projekt. Als ‚fellow' hatte Werner Sobek die Möglichkeit, überall Fragen zu stellen oder mitzuarbeiten. Dies, und eine Vielzahl von selbst durchgeführten Gebäudeanalysen und Baustellenbesuchen, verschaffte ihm einen tiefen Einblick und hervorragende Kenntnisse im Hochhausbau. Die Multidisziplinarität des Planerteams bei Skidmore Owings & Merrill war das, was er sich immer wünschte; die Professionalität und die Qualität der bei SOM geschaffenen Planung waren für ihn zutiefst beeindruckend und für den Rest seines weiteren Schaffens prägend.

Das in Chicago und San Francisco Erlernte trug schon wenige Jahre später Früchte. 1990 beriet Werner Sobek Peter Schweger aus Hamburg als Tragwerksplaner bei dem international eingeladenen Wettbewerb für den Neubau der Hessischen Landesbank in Frankfurt. Mit einer von Werner Sobek entwickelten tube-outrigger-Konstruktion konnte die sehr komplizierte bauliche Situation im Bereich der unteren Geschoße hervorragend gelöst werden.

Der Dissertation folgte 1987 die erste praktische Tätigkeit als Ingenieur im Ingenieurbüro Schlaich Bergermann und Partner in Stuttgart. Eigentlich hatte Werner Sobek nach der Zeit an der Universität zu SOM nach Chicago zurückkehren wollen und sollen. Im Herbst 1986 war er jedoch auf zwei junge Architekten aus Paris getroffen, Nicolas Michelin und den in Stuttgart geborenen Finn Geipel. Beide suchten damals einen Ingenieur, der zusammen mit ihnen für ein damals nicht unbedingt aussichtsreiches Projekt, die saisonale Überdachung der antiken Arena in Nîmes, ein geeignetes Konzept entwarf. In Stuttgart hatten

and was always prepared to assist him and promote his studies. Bill Baker, who at the time was a young project engineer and is today a partner in SOM, became a lasting friend.

The complexity of high-rise building construction, the critical relationship between load-bearing structure, utilities, use of the building, façade, heating and air conditioning, fire protection, etc., require that all parties sharing in the planning have an understanding that transcends the individual planner's discipline. In 1984 one could probably not have learned more about high-rise building construction anywhere than at SOM, who employed appropriate experts for almost all individual subjects in one office. Each project is planned by town and landscape planners, architects, structural engineers, interior designers, lift and elevator engineers, etc. As a "fellow" Werner Sobek had the opportunity to ask questions about and take part in the various projects. This experience, coupled with a large number of building analyses and buildings site visits carried out by himself, provided him with a profound insight into and excellent knowledge of high-rise building construction. The multi-disciplinary nature of the Skidmore Owings & Merrill team of planners represented what he had always been looking for and the professionalism and quality of SOM planning impressed him deeply and served as a quality standard in his future work.

The knowledge acquired in Chicago and San Francisco bore fruit only a few years later. In 1990 Werner Sobek advised Peter Schweger of Hamburg on the structural planning of the new Hessische Landesbank in Frankfurt, a project for which architects had been invited internationally to submit their designs. A tube outrigger structure developed by Werner Sobek solved the complicated situation on the lower floors of the building.

After the completion of his dissertation, he embarked in 1987 on his first practical job as an engineer with consulting engineers Schlaich Bergermann & Partner in Stuttgart. After his time at university, Werner Sobek should have returned, and indeed wanted to return, to SOM in Chicago. In the autumn of 1986, however, he had met two young architects from Paris, Nicolas Michelin and Finn Geipel, the latter having been born in Stuttgart. At the time, both were looking for an engineer to design with them a feasible concept for a project which seemed unlikely to be realised: installing a removable roof to cover the antique amphitheatre at Nîmes for part of the year. In Stuttgart, these architects had first

die Architekten nach Frei Otto, Rainer Graefe und Jürgen Hennicke zunächst Rudolf Bergermann angesprochen, der aufgrund der vorliegenden sehr großen Spannweiten und der Notwendigkeit einer jährlichen Montage und Demontage der Gesamtkonstruktion alsbald eine ‚textile Lösung' favorisierte. Werner Sobek wurde deshalb von Rudolf Bergermann zum Projekt hinzugezogen. Nach intensiver Arbeit hatte das Team binnen kurzer Zeit die aus heutiger Sicht immer noch einzig richtige Lösung entwickelt: Ein großes Luftkissendach, das auf schlanken Stützen in der Arena schwebte. Der Entwurf war von einer unglaublichen Logik und Konsequenz geprägt – die für die Architekten und die Ingenieure damit verbundenen Probleme und Aufgaben waren gewaltig. Immerhin galt es, ein im Grundriß elliptisches Luftkissen mit Spannweiten von 60 x 90 m (das größte Luftkissen der Welt) zusammen mit einer absolut gewichtsminimalen Stahlkonstruktion so zu entwickeln, daß das gesamte Bauwerk sehr einfach und schnell jährlich jeweils im Oktober in die Arena eingebaut und im darauffolgenden April wieder ausgebaut werden konnte. Da die Arena ein ‚monument historique' ist, waren Veränderungen am bestehenden Bauwerk untersagt. Die französische Denkmalschutzbehörde wachte hierüber.

Werner Sobek trat also in das Ingenieurbüro Schlaich Bergermann und Partner ein, um die ‚Couverture des Arènes de Nîmes' zu planen. Man hatte vereinbart, daß er zunächst ungefähr zwei bis drei Jahre im Büro bleiben würde. Sollte es gelingen, das Projekt durchzusetzen und tatsächlich zu bauen, so war dies eine einmalige Chance für einen Berufsanfänger und jungen Ingenieur. Werner Sobek bearbeite das Projekt in den kommenden zwei Jahren vollkommen selbständig, vom ersten Strich des Entwurfes über die Gestaltung aller Details bis zur Dimensionierung der kleinsten Schraube. Lediglich Theo Angeloupoulos aus Patras/Athen half mit seinen Computerberechnungen, das Tragverhalten des Kissens präzise zu fassen. Aus der Zusammenarbeit mit Theo Angeloupoulos erwuchs eine lange Kooperation, insbesondere nachdem dieser später nach Stuttgart zurückgekehrt war und Werner Sobek sein eigenes Büro eröffnet hatte.

Der Coutourier Cacharel, damals Bürgermeister von Nîmes, war vom Projekt begeistert und setzte seine Realisierung durch. Jean Bousquet hatte es vermocht, in Nîmes in den vergangenen Jahren Bauten mit einigen der besten Architekten der Welt zu realisieren. Norman Foster, Arata Isozaki, Jean Nouvel,

approached Frei Otto, Rainer Graefe und Jürgen Hennicke before contacting Rudolf Bergermann, who, because of the large spans involved and the requirement of installing and removing the roof every year, favoured a "textile solution". Rudolf Bergermann therefore invited Werner Sobek to take part in the project. Following a short period of intensive planning and design activity, the team had developed a solution which even today still appears to be the only correct one: a large pneumatic cushion roof suspended above the amphitheatre on slender columns. The design exhibited incredible logic and sense of purpose, although for the engineers and architects the problems and engineering tasks associated with it were enormous. The problem consisted in developing a pneumatic cushion of elliptical plan with spans of 60 and 90 metres (the world's largest pneumatic cushion), together with a steel structure minimised in terms of its weight in such a way that the entire structure could be easily and quickly erected in the amphitheatre in October and dismantled again in the following April. As the amphitheatre is a "monument historique", any modifications of the existing building were, of course, out of the question. The French authorities responsible for looking after historic buildings kept a close watch.

Werner Sobek joined Schlaich Bergermann & Partner to plan the "Couverture des Arènes de Nîmes". It had been agreed that he should initially stay with the partnership for two or three years. If the project were to succeed it would represent a unique chance for a young engineer at the beginning of his professional career. Over the following two years Werner Sobek planned and developed the project entirely independently, from the first lines of the design sketch via the designing of all details down to the dimensioning of the smallest screw. Only Theo Angeloupoulos of Patras/Athens assisted with his computer calculations to define the load-bearing characteristics of the cushion. The collaboration with Theo Angeloupoulos resulted in a long-term co-operation, especially after the latter had later returned to Stuttgart and Werner Sobek had started his own consultancy.

The couturier Cacharel, who was at that time mayor of Nîmes, was enthusiastic about the project and did everything in his power to get it off the ground. Jean Bousquet had succeeded in the previous years in realising building projects in Nîmes with some of the world's best architects. Norman Foster, Arata Isozaki, Jean Nouvel, Vittorio Gregotti....all were planning for Nîmes. Even today Werner

Couverture des Arènes de Nîmes: view from inside through the louvre facade
Couverture des Arènes de Nîmes: Blick von Innen durch die Lamellenfassade

39

Vittorio Gregotti.... alle planten für Nîmes. Noch heute ist Werner Sobek davon überzeugt, daß ein derart innovatives und architektonisch markantes, zwischenzeitlich berühmt gewordenes Bauwerk wie die saisonale Überdachung der Arena nur mit diesem Bürgermeister und nirgendwo sonst als in Nîmes hätte realisiert werden können.

Die Planung der Überdachung der Arena erfolgte in englischer Sprache nach französischen Normen. Die Architekten hatten ihr Büro in Paris, Theodor Angeloupoulos in Athen. Die drei Prüfingenieure des Bureaus SOCOTEC kamen aus Paris und Nîmes. Das Membranmaterial für das Luftkissen wurde von der Verseidag in Krefeld hergestellt, die Konfektion erfolgte bei Strohmeyer Ingenieurbau in Konstanz. Die Lufttechnik kam aus Detmold, der Stahlbau wurde von Baudin Chateauneuf südlich von Paris und in Nîmes gefertigt. Das Material für die neuentwickelte, vollkommen transparente Fassade kam aus Holland, die selbsttragende Fassade aus Polycarbonat wurde in Turin getestet und hergestellt. Die hydraulische Hebeeinrichtung

Sobek is convinced that such an innovative and architecturally distinctive structure as the covering of the amphitheatre, which has since become famous, could only have become reality with this mayor and nowhere else but in Nîmes.

The planning of this roof was carried out in the English language in accordance with French standards. The architects had their office in Paris, Theodor Angeloupoulos was based in Athens. The three certification engineers of Bureau SOCOTEC were based in Paris and Nîmes. The membrane material for the air cushion was manufactured by Verseidag in Krefeld, whilst the membrane was fabricated by Strohmeyer Ingenieurbau in Konstanz. The air equipment was made in Detmold, and the steel structure was fabricated by Baudin Chateauneuf south of Paris and in Nîmes. The material for the newly developed, completely transparent façade came from Holland, and the self-supporting polycarbonate façade was manufactured and tested in Turin. The hydraulic lifting gear came from Tony Freeman from Bangkok. The official lan-

Couverture des Arènes de Nîmes: air cushion inlet
Couverture des Arènes de Nîmes: Lufteinlaß in das Kissen

kam von Tony Freeman aus Bangkok. Baustellensprache war Englisch, doch als die erste Montage in der zweiten Oktoberwoche 1988 begann, stellte sich alsbald heraus, daß nahezu die Hälfte aller Anwesenden kein Englisch sprach. Andere sprachen neben ihrer Muttersprache zwar Englisch, aber dafür kein Französisch. Die Baustelle befand sich alsbald in einem babylonischen Zustand.

Jean Bousquet hatte mit dem ersten französischen Fernsehprogramm vereinbart, daß die ‚Messe de Minuit', die traditionell vom Sender übertragene Mitternachtsmesse des Heiligen Abends, aus der – dann überdachten – Arena in Nîmes übertragen werden sollte. Nachdem Nîmes Anfang Oktober durch ein katastrophales Gewitter mit Überschwemmungen und vollgelaufenen Tiefgaragen, und, als deren Folge, Toten und Verletzten sowie enormen Sachschäden heimgesucht worden war, glaubte niemand mehr an die Realisierbarkeit eines derart schwierigen Projektes in der noch verbleibenden Zeit. Auch die Arena war im Inneren auf einer Höhe von mehr als 2 m noch mit Wasser und Schlamm vollge-

guage of the building site was English, although when the first stage of the assembly began in the second week of October of 1988, it soon became clear that nearly half of the personnel involved did not speak English. Others did speak English in addition to their mother tongue but no French. The site was soon a new Babylon.

Jean Bousquet had agreed with the first French national TV channel that the "Messe de Minuit" which is the traditional midnight mass broadcast on Christmas Eve, should be broadcast from the amphitheatre in Nîmes, which by then would have its new roof. As Nîmes had been hit at the beginning of October by a catastrophic thunderstorm causing flooding and resulting in flooded underground car parks, dead and injured persons and enormous damage, nobody believed that such a difficult project could be completed in the time which remained. In addition, the amphitheatre was filled with mud and water up to a height of 2 metres when Jean Bousquet declared that the refurbishment of the town, which required the co-operation of the whole

Arena in Zaragoza: the convertible membrane being reefed
Arena Zaragoza: die bewegliche Membrane während des Faltens

spült, als Jean Bousquet erklärte, die nur durch den Zusammenhalt und das gemeinsame Handeln aller Bürger zu bewältigende Wiederherstellung der Stadt müsse am Heiligen Abend durch die Eröffnung der Arena gekrönt werden. Es waren die Kraft und die Person eines Jean Bousquet, die das Unternehmen in Gang setzten. Es folgten zehn, durch Regen, Wind und Kälte erschwerte Wochen der Montage des Bauwerkes. Für den ‚Ingénieur responsable' ein zumeist 18 Stunden dauernder, alle Kraft beanspruchender Arbeitstag, sieben Tage pro Woche. Immer wieder erklären, wie alles gedacht ist und funktionieren muß, immer wieder zurückweisen qualitativ nicht ausreichender Arbeit. Zeitgleich mußte auf der Baustelle die statische Berechnung infolge von Veränderungen an den Fundationen oder an Montagegeräten überprüft und ergänzt werden. Es wurde immer noch umgeplant. Selbst als die Mitarbeiter des Fernsehens bereits dabei waren, die Kamerapositionen und die Lichttechnik für die ‚Messe de Minuit' zu konzipieren, befand sich in der Arena noch nichts als eine Unsumme von angelieferten Bauteilen.

In einer permanenten Anstrengung – viele Mitarbeiter der Teams befanden sich am Rande der Erschöpfung – wurde es geschafft: Am Morgen des 24. Dezember 1988 war die Couverture des Arènes de Nîmes, ein Meisterwerk der Architektur und des Ingenieurbaus, zum ersten Mal vollkommen montiert. Der Erfolg war riesengroß. Die Planer nahmen ihn jedoch, infolge der Überanstrengung der letzten Wochen, kaum noch richtig war.

Finn Geipel, Werner Sobek und Nicolas Michelin hatte das extrem intensive Zusammen-Arbeiten der letzten Monate, insbesondere der letzten Wochen, zusammengeschweißt. Es war ein tiefes gegenseitiges Verständnis und Verstehen der Intentionen des jeweils anderen entstanden, in dessen Folge eine bleibende Freundschaft erwuchs. Diese enge Freundschaft wurde von einer kontinuierlichen, durch große Wettbewerbserfolge und herausragende Bauten, wie der Ecole Nationale d'Art Décoratif in Limoges, gekennzeichneten Zusammenarbeit begleitet.

Im Herbst 1989 bot die Architekturfakultät der Universität Hannover Werner Sobek den Lehrstuhl für Tragkonstruktionen und Konstruktives Entwerfen an. Werner Sobek nahm den Ruf 1990 an.

1989 befand sich das bewegliche Dach über der Arena in Zaragoza, das Werner Sobek noch im Büro Schlaich Bergermann & Partner plante, gerade in der Phase der Werkstattplanung. Werner Sobek hatte für das Dach erst-

community, should be celebrated on Christmas Eve by the opening of the amphitheatre. It was the personal charisma of Jean Bousquet which got the process going. There followed ten weeks of assembling the structure, which were hampered by rain, wind and cold. For the "ingénieur responsable", this meant an exhausting working day of mostly 18 hours, and that seven days a week. Again and again he had to explain how everything was intended and how it was to function, and again and again he had to reject work which was not up to standard. At the same time, the structural calculations caused by changes in the foundations and modifications of the assembly equipment had to be checked and amended at the site. The planning had to be revised again and again. Even as the TV team was already planning the camera positioning and lighting for the "Messe de Minuit", the amphitheatre was still a chaos of building components.

With a relentless effort – many members of the erection team were near exhaustion – the task was completed: on the morning of 24th December 1988, the Couverture des Arènes de Nîmes, a masterpiece of architecture and engineering, was completely assembled for the first time. Its success was tremendous. Because of their extreme efforts over the past weeks, the planners were hardly aware of it.

Finn Geipel, Werner Sobek and Nicolas Michelin had been bonded together by the extremely intense collaboration over the past months and in particular over the past weeks. This bond was the result of a profound mutual understanding and comprehension of the others' intentions, and was the basis of a lasting friendship. This close friendship was complemented by a continual co-operation which was characterised by great successes in architectural competitions and by outstanding buildings, such as the Ecole Nationale d'Art Décoratif in Limoges.

In the autumn of 1989 the Faculty of Architecture of Hannover University offered Werner Sobek the Chair for Conceptual Design of Load-bearing Structures. Werner Sobek accepted the invitation in 1990.

In 1989 the convertible roof over the bullring in Zaragoza, which Werner Sobek was planning in the office of Schlaich Bergermann & Partner, was at the workshop planning stage. For this roof, Werner Sobek had for the first time developed a completely new concept for moving and pre-tensioning the roof. This technique completely avoided the mechanical and control problems hitherto encountered

Arena in Zaragoza: the reefed membrane viewed from below
Arena Zaragoza: Blick von unten in die gefaltete Membrane

mals eine völlig neuartige Fahr- und Vorspanntechnik entwickelt. Diese vermied die bisher stets aufgetretenen maschinen- und steuerungstechnischen Probleme vollständig und leitete mit ihrer durch eine Vielzahl von berührungslos messenden Sensoren gekennzeichneten Technik einen technischen Niveausprung bei den wandelbaren Dächern ein. Daß wandelbare Dächer nur bei stets – und unter allen Bedingungen einwandfrei – funktionierenden Fahr- und Vorspannmechanismen durchsetzbar waren, hatte die Vergangenheit gezeigt. Die an den Tragseilen entlanglaufenden Traktoren der Dächer der ersten Generation hatten so häufig Probleme bereitet, daß nur eine vollkommene Neukonzeption zu einer Wiederbelebung der Bauweise und zum Ziel führen konnte. Beim Besuch einer Fachmesse für Fahrgeschäfte kam Werner Sobek die Idee, das nur geringen Kraftaufwand erfordernde schnelle Verfahren der Dächer von dem mit extrem hohem Kraftaufwand bei kleinen Verschiebungswegen verbundenen Vorspannen zu trennen und darüberhinaus den gesamten Vorgang sensorüberwacht und computergesteuert ablaufen zu lassen: Die Achterbahnen der neuesten Generation verfügten über vergleichbare Problemstellungen. Sensor- und steuerungstechnische Lösungen konnten demnach sinngemäß übertragen werden, den Rest der Technik entwickelte er selbst.

Im Juni 1991 begann Werner Sobek seine Tätigkeit in Hannover als Leiter des von ihm in ‚Institut für Tragwerksentwurf und Bauweisenforschung' umbenannten Institutes. Der Name sollte Programm sein. Einerseits sollte deutlich werden, daß die tragende Konstruktion eines Bauwerkes genauso zu entwerfen war wie andere Teile des Gebauten. Synthese der tragenden Konstruktion, nicht Analyse sollte im Vordergrund stehen. Die Lehre des Entwerfens von Tragwerken sollte nicht mehr durch Festigkeitslehre und Baustatik für Architekten bestimmt sein, sondern durch ein Verstehen dessen, wie man die Bauteile formt und fügt. Hierzu besuchte Werner Sobek mit seinen Studenten immer wieder auch Fertigungsanlagen, beispielsweise Floatglaswerke, Schiffswerften oder die Produktionsanlagen der Deutschen Airbus in Hamburg. Er war überzeugt, daß man ein Bauwerk oder seine Bauteile nur dann gestalten könne, ausformen könne, wenn man wüßte, wie man die Baustoffe formen kann, wie die Bauteile entstehen.

Mit dem Beginn der Tätigkeit in Hannover führte Werner Sobek den Bauweisenbegriff in das Bauwesen ein. Hiermit wurde erstmals

and lifted convertible roofs to a new technical level, thanks to its engineering, which featured numerous proximity sensors. Experience had shown that convertible roofs could be a feasible solution only if the motion and pre-tensioning mechanisms functioned reliably and under all conditions. The tractor units running along the support cables of first-generation roofs had caused problems so frequently that only a completely new technical concept was likely to revive this type of structure and lead to success. During a visit to a special exhibition of fairground equipment, Werner Sobek got the idea of separating the rapid motion of the roof, which requires little energy, from the pre-tensioning motion which requires an extremely high energy input for relatively small movements, and to have the entire procedure monitored by sensors and controlled by computer: the roller-coasters of the latest generation pose the same problems. Thus the sensor and computer-based technology could be adopted whilst the rest of the technology was developed by himself.

In June 1991 Werner Sobek started his job in Hannover as director of the institute which he had renamed "Institute for the Design of Load-Bearing Structures and Research into Methods of Construction" (Institut für Tragwerksentwurf und Bauweisenforschung). The name was to represent a programme. On the one hand, he intended to show that the load-bearing structure of a building had to be designed just like all the other parts of the building. The synthesis of the load-bearing structure was to be emphasised, not its analysis. The teaching of structural design was no longer to be dominated by the strength of materials and structural calculations for the architect but by an understanding of how components are shaped and joined. To demonstrate his intentions, Werner Sobek again and again took his students on visits to manufacturing plants, such as float glass works, shipyards or the production facilities of Deutsche Airbus in Hamburg. He was convinced that an architect was able to design and shape a building or its components only if he knew how the building materials could be formed and the components made.

With the beginning of his activity in Hannover, Werner Sobek introduced the concept of "methods of construction" into building construction. This means that for the first time a concept transcending the demarcations between materials has been presented for a design philosophy which centres on the relationship of forces in a building component and on the joining and recycling of structures.

ein werkstoffübergreifendes Gedankengebäude für das am Kräftezustand in einem Bauteil orientierte Entwerfen, das Fügen und das Rezyklieren der Konstruktionen vorgestellt.

Institut für Leichte Flächentragwerke

Kurz nach der Aufnahme der Professur in Hannover trat die Berufungskommission zur Nachfolge Frei Ottos an der Universität Stuttgart an Werner Sobek heran. Es entstand eine schwierige Situation: In Hannover hatte Werner Sobek mit anderen Architekten eine intensive und erfolgreiche Lehre aufgebaut. Mit Peter Schweger, Klaus Kafka, Peter Kaup, Manfred Schomers und Detlef Kappeler waren enge Zusammenarbeiten bei verschiedenen Bauprojekten, teilweise Freundschaften entstanden. Werner Sobek sagte trotzdem zu, nach Stuttgart zu kommen. Ende 1994 nahm er schließlich die Arbeit in Stuttgart auf. Es galt, Forschung und Lehre des Instituts für Leichte Flächentragwerke mit neuen Inhalten zu füllen. Neben dem Leichtbau als solchem und dem textilen Bauen bildeten fortan die selbstanpassenden Systeme, das Bauen mit Glas und die tragenden Konstruktionen aus dünnen Blechen wichtige Arbeitsschwerpunkte.

Zentrallabor des Konstruktiven Ingenieurbaus

Um im experimentellen Bereich gut arbeiten zu können, übernahm Werner Sobek zusätzlich die Leitung des Zentrallabors des Konstruktiven Ingenieurbaus an der Universität Stuttgart. Das Zentrallabor stellt heute mit seiner hervorragenden Werkstatt zur Herstellung von Bauteilen aus Metall und Kunststoff und seinen prüf- und meßtechnischen Einrichtungen eine ideale Einrichtung dar, um Erdachtes in Form von Prototypen zu bauen und zu testen.

Institute for Lightweight Structures

Shortly after he had accepted the professorship in Hannover, Werner Sobek was approached by the appointment committee of Stuttgart University charged with finding a successor to Frei Otto. This was a difficult situation: in Hannover Werner Sobek and other architects had established an intensive and successful teaching establishment. There was close collaboration with Peter Schweger, Klaus Kafka, Peter Kaup, Manfred Schomers and Detlef Kappeler on various building projects, and friendships had been formed. Despite this, Werner Sobek agreed to go to Stuttgart. Towards the end of 1994 he started his work in Stuttgart. The objective was to give a new direction to the research and teaching of the Institute for Lightweight Structures. Apart from lightweight structures and the use of textiles as a building material, the future emphasis was to be placed on self-adapting systems, glass as a building material and load-bearing structures fabricated from thin sheet metal.

Zentrallabor des Konstruktiven Ingenieurbaus

To enable him to work effectively on the experimental side, Werner Sobek also took over the management of the Zentrallabor des Konstruktiven Ingenieurbaus at Stuttgart University. With its excellent workshop facilities for the making of metal and plastic components and its inspection and gauging equipment, the Zentrallabor is an ideal facility to transform concepts into prototypes and to build and test them.

Self-adapting Systems
Selbstanpassende Systeme

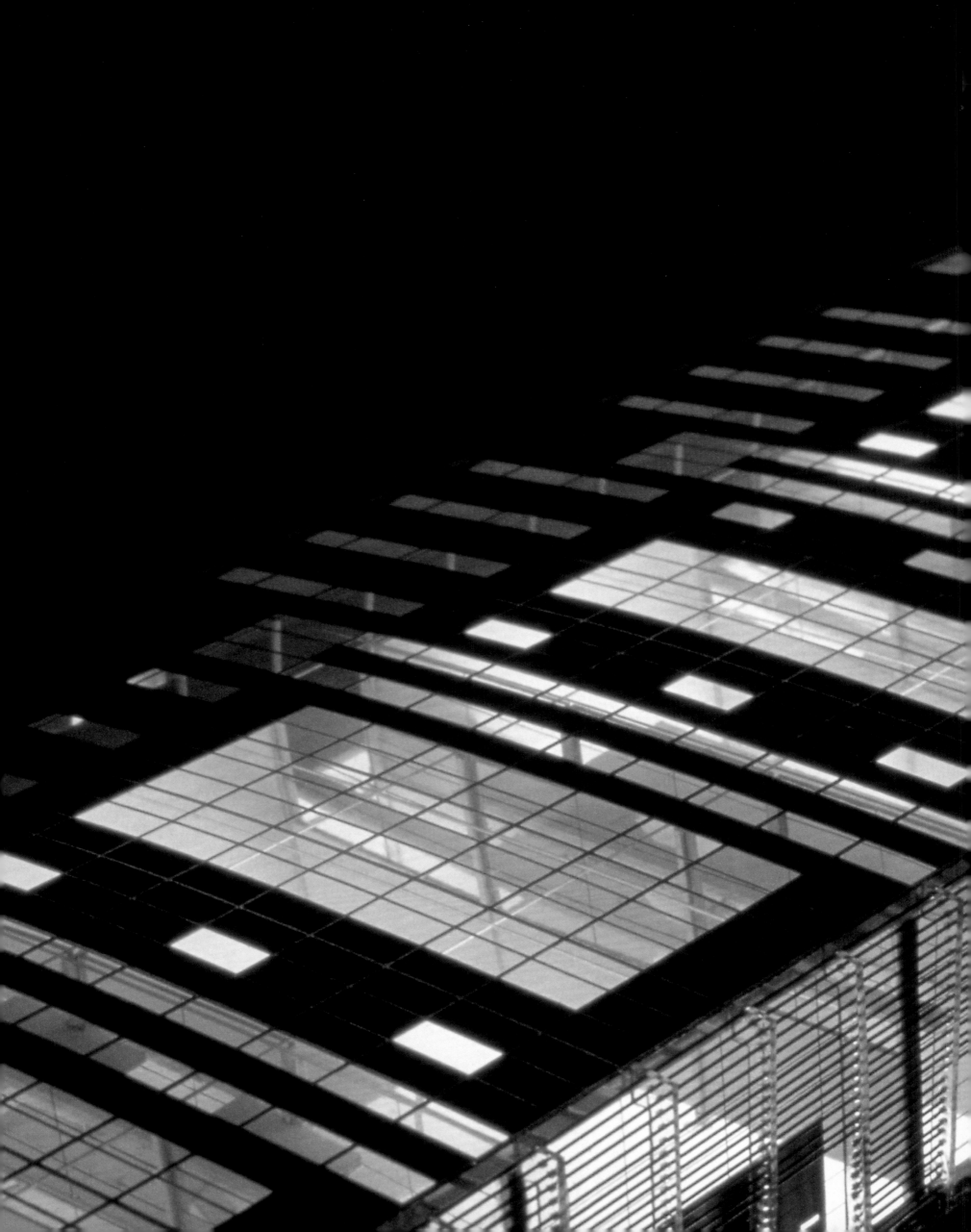

Wir leben in den Häusern und Gehäusen, die sich die heute Toten einstmals erbaut und in denen sie gelebt haben. Wie Einsiedlerkrebse wechseln wir das Gehäuse, wenn das bisherige zu groß oder zu klein geworden ist. Und dort, wo wir ein neues Gehäuse benötigen, dort bauen wir dieses in den seit Jahren und Jahrhunderten tradierten Formen. Natürlich haben sich die Baustoffe verändert, natürlich wurden Qualität und Komfort gesteigert. Aber ist es richtig, in dieser veränderten und sich stets verändernden Welt „konstant" zu bauen? Unsere Gebäude antworten auf die tages- und jahreszeitlich bedingten Veränderungen der Außenwelt, auf die sich zumeist im Rhythmus des Arbeitstages verändernden Bedingungen der Innenwelt äußerst unzulänglich: Die physikalischen Eigenschaften unserer Gebäude sind konstant, obwohl die Innen- wie die Außenwelt permanent veränderlich auf sie einwirken. Die Gebäude antworten nicht, sie reagieren nicht. Das einzige, mit dem die Baukunst bisher eine Adaption der Gebäudeeigenschaften herbeigeführt hat, sind Heizungen, Lüftungsanlagen, künstliche Beleuchtung oder Fensterschattierungen.

Gebäude, deren Hüllen nicht-konstante physikalische Eigenschaften besitzen, antworten auf den Lauf des Tages, des Jahres. Brücken, deren tragende Elemente die entstehenden Beanspruchungen so untereinander aufteilen, daß die Beanspruchung des einzelnen Elements stets mäßig groß bleibt, reagieren auf einen über sie fahrenden Zug. Diese und andere Überlegungen findet man in den aktuellen Projekten und Forschungsarbeiten von Werner Sobek. Die Grundlegung dieser Arbeiten entstand im Verlauf seiner ersten zehn Berufsjahre. Sie geht hervor aus den Arbeiten an den großen beweglichen Dächern in Nîmes, Zaragoza oder am Rothenbaum, sie geht hervor aus den Arbeiten zur Akademie Limoges, Metafort, DB-Cargo, den Messe- und Veranstaltungsbauten sowie seinen Forschungsarbeiten zu den selbstanpassenden Systemen.

Alle Arbeiten Werner Sobeks sind gekennzeichnet durch die Gestaltungsprinzipien der Stuttgarter Schule und die zum architektonischen Prinzip erhobenen Faktoren:

- Minimierung des Energie- und Ressourcenverbrauchs sowie des Emissionsniveaus.
  Hieraus folgen die Forderungen nach
  · Leichtbau in der Konstruktion
  · energiesparender Herstellungstechnik
  · Minimierung des für Heizen und Kühlen erforderlichen Energieverbrauches

We live in houses and buildings which our ancestors built for themselves and dwelt in. Like hermit crabs, we change our dwellings, if the existing one has become too small or too large. And wherever we need a new dwelling, we build one in one of a number of forms which have come down to us through years or centuries of tradition. Of course, building materials have changed and the quality and degree of comfort and convenience have increased. But is it right to use such unchanging methods of building construction in a world that itself is constantly changing? Our buildings are extremely inadequate when it comes to responding to daily or seasonal changes in the external environment or to the changes in the internal environment resulting from the rhythm of the working day: the physical properties of our buildings remain constant, although internal and external environments permanently impose changes on them. The buildings do not respond or react. The only methods to adapt the properties of a building used by architects so far are heating, ventilation and air conditioning, artificial lighting and the shading of windows.

Buildings whose shells exhibit non-constant physical properties respond to the changing day or year. Bridges whose load-bearing elements share the resulting loads so as to keep the loading of the invidual elements moderate will react when the bridge is crossed by a train. These and other ideas can be found in Werner Sobek's current projects and research. The foundation for these studies was laid in the course of the first decade of his professional career. It is the result of his work on the large convertible roofs in Nîmes, Zaragoza or Am Rothenbaum (Hamburg) and of the work for the academy in Limoges, Metafort, DB-Cargo and the buildings designed for exhibition and conference centres, as well as of his research work on self-adapting systems.

All Werner Sobek's work is characterised by the design principles of the Stuttgart School and the following factors, which have been declared architectural principles:

- Minimisation of the use of energy and resources and of the level of emissions.
  This requires
  · lightweight construction
  · energy-saving production techniques
  · minimisation of the energy consumption needed for heating and cooling
  · maximum use of daylight
  · strict management of a building's energy input

⟨
Ecole Nationale d'Art Décoratif in Limoges: view at night, photograph of model
Ecole Nationale d'Art Décoratif in Limoges: Ansicht bei Nacht, Modellaufnahme

⟨⟨
Ecole Nationale d'Art Décoratif in Limoges: internal view of glazed roof
Ecole Nationale d'Art Décoratif in Limoges: Blick von innen gegen die Dachverglasung

- maximaler Tageslichtnutzung
- konsequentem Gebäudeenergiemanagement

• Maximale Anpassung des Gebäudes an den Ort und seine spezifischen Eigenschaften sowie an die stets veränderlichen Anforderungen seitens der Nutzung.
Hieraus folgen die Forderungen nach
- einfacher Veränderbarkeit der Nutzungsstruktur und der zugehörigen Baustruktur
- Anpaßbarkeit der Gebäudehülle und ihrer Eigenschaften

• Vollständige Recyklierbarkeit der Bausubstanz.
Hieraus folgen die Forderungen nach
- einfacher und vollständiger Zerlegbarkeit des Gebäudes in Einzelkomponenten (Dekomposition)
- präzise Identifizierbarkeit der Komponenten in baustofflicher Hinsicht
- Verwendung von Ein-Stoff-Bauteilen oder von entsprechend trennbaren Verbunden.

Auf der Basis dieser nach und nach erarbeiteten Gestaltungs- und Funktionsprinzipien entstanden eine Reihe von Bauwerken, an denen diese Entwurfsmaximen ablesbar sind.

Die Aufhebung der Unterscheidung von Dach und Wand: Selbstanpassende Hüllen

Ecole Nationale d'Art Décoratif, Limoges
Der Neubau für die Ecole Nationale d'Art Décoratif in Limoges (Frankreich), der nach einem gewonnenen Architekturwettbewerb von Finn Geipel und Nicolas Michelin aus Paris sowie von Werner Sobek als Ingenieur geplant wurde, ist ein Gebäude, in dem die Forderungen nach minimierter und einfach dekomponierbarer Konstruktion, maximaler Flexibilität im Innenraum und optimaler Lichtnutzung vereint wurden. Das insbesondere in Frankreich vielbeachtete Gebäude besteht aus einem filigranen, 144 m langen, 30 m breiten und 12 m hohen Stahlskelett, das mit Dach- bzw. Fassadenelementen als ‚Haut' belegt wurde. Das Gebäude kann im Inneren sehr einfach umstrukturiert werden, Ateliergrößen und -nutzung sind somit sehr flexibel. Die Elemente der ‚Haut' sind rechteckig und haben alle die gleichen Abmessungen. Sie sind entweder undurchsichtig und wärmegedämmt bei metallischer Deckschicht oder verglast. Die Elemente können auf der Skelettstruktur gegeneinander vertauscht werden und erlauben so eine – wenn auch manuell herbeigeführte – Anpassung der Gebäude-

• Maximum adaptation of a building to its location and specific conditions and to the changing requirements of its use.
This requires
- easy change of use and modification of the corresponding building layout
- adaptability of the building shell and its characteristics

• Complete recyclability of building materials.
This requires
- easy and complete dismantling of the building into individual component parts
- precise identfication of the component parts in terms of materials
- use of single-material components or composite materials which can be separated

On the basis of these design and function principles, which have been developed gradually, a number of buildings have been erected which clearly exhibit these design principles.

Eliminating the differentiation between roof and wall: Self-adapting envelopes

Ecole Nationale d'Art Décoratif, Limoges
The new building for the Ecole Nationale d'Art Décoratif in Limoges (France), which had been planned by Finn Geipel and Nicolas Michelin of Paris and Werner Sobek as consulting engineer after the team had won the architectural competition, is a building which combines the requirements of minimised design, easy dismantling, maximum adaptability of the internal space and optimum use of light. The building, which, especially in France, is an object of great interest, consists of a slender steel frame 144 m long by 30 m wide by 12 m high, which is covered with a "skin" of roof and façade cladding panels. The interior layout of the building can be easily altered, which offers great flexibility in arranging the size and use of the workshops. The "skin" panels are rectangular and of identical size. They are either nontransparent, in which case they are heat-insulated metal panels, or glazed elements. The panels can be interchanged on the skeletal frame, thus allowing a manual adaptation of the building envelope to changes in the use of the interior space such as may result from changing the size of workshops or from changed lighting requirements in the workshops themselves. The partially glazed roof area produces a very warm light in the workshops, which has never been achieved in other academies and which is greatly appreciated by the artists who work

Ecole Nationale d'Art Décoratif in Limoges: one of the workshops
Ecole Nationale d'Art Décoratif in Limoges: eines der Ateliers

Ecole Nationale d'Art Décoratif in Limoges: area in front of lecture theatre
Ecole Nationale d'Art Décoratif in Limoges: der Bereich vor dem Hörsaal

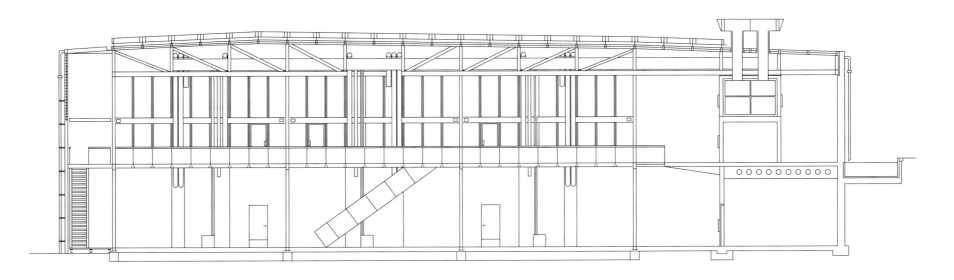

hülle auf eine Veränderung der Innenraumnutzung, wie sie beispielsweise durch Veränderung der Ateliergrößen oder veränderte Lichtanforderungen in den Ateliers selbst resultiert. Die teilweise Verglasung der Dachfläche führt zu einer, in anderen Akademien nicht erreichten, sehr warmen Lichtfarbe in den Ateliers, die insbesondere bei den mit Stein arbeitenden Künstlern sehr geschätzt ist. Blendwirkungen im Bereich der Dachverglasungen werden durch außenliegende, das Licht blendungsfrei einspiegelnde Lichtgitter vermieden.

Bei der Gebäudehülle der Akademie in Limoges besteht die Haut im Bereich des Daches und der senkrechten Außenfassade aus denselben Elementen. Es gibt keine baukonstruktive Unterscheidung zwischen Dach und Wand. Das führt zu folgenden Fragen: Gibt es ‚Dach' und ‚Wand' nicht nur deshalb, weil man in den vergangenen Jahrtausenden aufgrund technologischer Probleme nicht in der Lage war, die baukonstruktiv und bauphysikalisch so sehr unterschiedlichen Anforderungsprofile an ‚Dach' und ‚Wand' mit einem Bauteil zu erfüllen? Und entstand nicht deshalb, weniger in tragstruktureller denn in formaler Hinsicht, die – über viele Generationen tradierte – Auffassung davon, wie das Gebaute aussieht, auszusehen hat? Das Gebäude der Akademie hob diese Trennung auf: Welche Konsequenz ergab sich aus dieser Entwicklung?

Die Gebäudehülle der Akademie in Limoges kann, mit einem gewissen Aufwand, angepaßt werden. Aufgrund der damit erzielten architektonischen Ergebnisse war für Finn Geipel, Nicolas Michelin und Werner Sobek klar, daß sie dieses Prinzip, bei gleichzeitiger technischer Weiterentwicklung, weiterverfolgen würden – mit der Zielsetzung einer schnellen Adaptierbarkeit der Lichttransmission der Haut. Die Möglichkeit hierzu bot der internationale Architekturwettbewerb für ein Zentrum für audiovisuelle Medien und Medienwissenschaft, das Metafort in Aubervilliers, Paris, den wiederum die Architekten Finn Geipel und Nicolas Michelin mit Werner Sobek gewannen.

Metafort

Das Metafort besteht aus einer Anzahl von Büros, Studios, Archiven und Versorgungseinrichtungen, die in ihrer Anzahl und Größe zu Beginn der Planung, selbst zu Beginn der Baumaßnahme, noch nicht determinierbar sind. Vielmehr sollte die gesamte Bausubstanz sogar während der Nutzung auf einfachste Weise veränderbar sein. Die architektoni-

in stone. Glare in the areas underneath the skylight panels is avoided by the use of externally mounted light grids, which reflect the light into the building without glare.

The skin of the roof and external vertical façade of the academy in Limoges consists of identical panels. There is no constructional distinction between roof and wall. This raises the following questions: Do we make a distinction between "roof" and "wall" only because over the past millennia builders and architects have, because of technological problems, not been able to meet the constructionally and physically very different requirements of "roof" and "wall" by using a single component? And is this not the reason why – less in structural than in formal terms – the idea of what a building should look like has been passed from generation to generation? The academy building has done away with this distinction. What is the consequence of this development?

The building envelope of the academy in Limoges can be adapted at a certain cost. From the architectural results achieved with this building Finn Geipel, Nicolas Michelin and Werner Sobek realised that they should pursue this principle and develop it technically with the objective of rendering the light transmission of the skin more quickly adaptable. The opportunity for this arose in the form of an international architectural competition for a centre for audiovisual media and media science, Metafort in Aubervilliers (Paris), which was again won by architects Finn Geipel and Nicolas Michelin together with Werner Sobek.

Metafort

Metafort consists of a number of offices, studios, archives and service units whose number and size were not specified, either during the planning stage or at the time construction began. The objective was to create a building whose entire substance could be altered in the simplest way even while it was occupied. The architectural answer consists in a large space envelope which separates the interior from the exterior and within which the entire substance of the building self-organises itself in a permanent process of change. The envelope, which protects the "buildings" in the interior against the weather, is indispensable for this purpose. It allows a simple construction of the internal buildings, as these are not exposed to the weather and have to meet only reduced climatic requirements. The Metafort envelope consists of individual elements or panels of standard

Ecole Nationale d'Art Décoratif in Limoges: cross section
Ecole Nationale d'Art Décoratif in Limoges: Querschnitt

Metafort Paris: top view, with roof and envelope structure
Metafort Paris: Aufsicht, mit Dach- bzw. Hüllkonstruktion

Metafort Paris: top view, without roof or envelope structure
Metafort Paris: Aufsicht, ohne die Dach- bzw. Hüllkonstruktion

sche Antwort hierauf bestand in einer großen Raumhülle, die das Außen vom Innen trennt und unter der sich die gesamte Bausubstanz in einem permanenten Veränderungsprozeß selbst organisiert. Die Gebäudehülle, die Wind und Wetter von den ‚Gebäuden' im Innenraum abhält, ist Voraussetzung hierfür. Sie erlaubt eine einfache konstruktive Durchbildung der Innengebäude, da diese nunmehr keinerlei Bewitterung ausgesetzt sind und auch nur noch reduzierte bauklimatische Anforderungen zu erfüllen haben. Die eigentliche Hülle des Metafort besteht wiederum aus einzelnen, in ihrer Größe standardisierten Elementen. Wie bei der Akademie in Limoges sind alle Elemente rechteckig, bei gleichen Abmessungen. Die Elemente sind entweder undurchsichtig oder verglast. Im Gegensatz zur Akademie werden die Elemente aber nicht mehr untereinander vertauscht, sondern die veränderliche Lichtanforderung im Innenraum wird durch eine Anpassung der Lichttransmission der verglasten Elemente selbst erreicht. Die Hülle reagiert somit permanent und ohne manuelle Eingriffe auf eine Veränderung des Lichtangebotes im Außenbereich bzw. auf eine Veränderung der Lichtanforderung im Innenbereich.

Die Stützen der Gebäudehülle des Metafort können mit Hilfe eines umgebauten Gabelstaplers umgesetzt werden und erlauben so eine sehr flexible Nutzung des Innenraums.

Würde man an den Ausgangspunkt des Bauschaffens zurückgehen können und fragen, welche Anforderungen die Einhüllung der Behausung überhaupt zu erfüllen hat und wie sie diese besser als heute üblich erfüllen könnte, so würde man zu einer noch radikaleren Antwort gelangen, als diese – zunächst – beim Metafort gegeben wurde. Diese Antwort würde letztlich unser Denken über das Bauen, das Wohnen und Arbeiten, vollkommen verändern.

Das Außenklima und die anderen auf ein Gebäude einwirkenden Energieströme haben keine konstante Größe, keine gleichbleibenden Eigenschaften. Dasselbe gilt für die Energieströme im Inneren eines Gebäudes oder die Erwartungshaltung seitens der Nutzer an den klimatischen Zustand innerhalb des Gebauten. Eine Hülle mit konstanten oder quasi-konstanten Eigenschaften kann unter diesen Randbedingungen nicht zu einem befriedigenden Ergebnis führen. Trotzdem werden diese Gebäudehüllen, Fassaden und Dächer, gebaut. Gleichzeitig werden die Hilfsmaßnahmen installiert: Nicht nur hinsichtlich ihres Installationsaufwandes, sondern auch hinsichtlich ihres Energieverbrauches aufwendige Zu-

size. Like the academy at Limoges, all the elements are rectangular and of identical size. The panels are either nontransparent or glazed. In contrast to the academy at Limoges, the panels are no longer interchanged; rather changing light requirements are met by altering the light transmission of the glazed panels. Thus the envelope reacts continuously and without manual intervention to changing light conditions outside or to changing light requirements inside.

The columns supporting the Metafort envelope can be moved using a modified fork lift truck and thus allow a flexible utilisation of the interior.

If we could go back to the beginning of building construction and ask which requirements the envelope surrounding a dwelling would have to meet and how it could fulfil this function better than is currently the case, we would arrive at an even more radical answer than the one represented by Metafort. This answer would, in the last analysis, entirely change our conceptions relating to building construction, living and working.

The external climate and the other flows of energy affecting a building have no constant magnitude or constant properties. The same applies to the flows of energy in the interior of a building or the climatic needs or expectations of the users inside the building. Within these terms of reference, an envelope featuring constant or quasi-constant characteristics cannot provide a satisfactory result. Despite this, this type of building envelope, façades and roofs, are being built. At the same time, auxiliary systems have to be installed: expensive heating, air-conditioning, lighting, shading, sound insulation and ventilation systems which are expensive not only to install but to run. Since all these systems have a low degree of flexibility because of the labour-intensive installation, the building itself is, as a result, inflexible, not to mention the installation and energy costs.

The envelope or shell of a building should separate the interior from the exterior only if the user so desires. Its function is to react to internal or external climatic changes so as to ensure optimum conditions for the user of the building. Because of the above-mentioned non-constant nature of the climatic conditions, the shell must likewise not exhibit constant or quasi-constant characteristics. It must be adaptable or, preferably, capable of self-adaption in the following areas

· light transmission
· absorption of solar energy

DB Cargo: photograph of model
DB-Cargo: Modellfoto

satzmaßnahmen für Beheizung und Kühlung, Beleuchtung, Schattierung, Schalldämmung und Belüftung. Da alle diese Maßnahmen infolge des mit ihnen verbundenen installationstechnischen Aufwandes eine sehr geringe Flexibiliät besitzen, ist, über Installations- und Energiekosten hinaus, die Inflexibilität des Gebäudes selbst die Folge.

Die Hülle eines Gebäudes soll das Innen vom Außen dann trennen, wenn der Nutzer es wünscht. Sie hat die Aufgabe, auf Veränderungen des Außen- oder des Innenklimas so zu reagieren, daß für die Nutzung stets optimale Zustände vorliegen. Aufgrund der beschriebenen Nicht-Konstanz der Einwirkungen darf eine Hülle somit keine konstanten bzw. quasi-konstanten Eigenschaften besitzen. Sie muß Anpassungsfähigkeit, besser Selbstanpassungsfähigkeit, im Bereich der

- Lichttransmission
- Solarenergieabsorption
- Absorption der im Innenraum freigesetzten Wärme
- Belüftung
- Hüllenkühlung
- Hüllenbeheizung
- Raumakustik
- Gebäudeakustik

unter der Maßgabe einer Minimierung des Fremdenergieverbrauches besitzen. Ähnliche Überlegungen und Anforderungsprofile an eine ‚ideale' Gebäudehülle wurden bereits in den Jahren um 1970 formuliert. Als Lösung wurden damals von verschiedenen Autoren multifunktionale ‚Alleskönner' beschrieben und vorgeschlagen. Letztlich gelangten diese aber aufgrund der Komplexität der – sich teilweise gegenseitig ausschließenden – Anforderungsprofile nicht einmal in das Stadium von Prototypen. Werner Sobek sieht, insbesondere auch aus Gründen der Flexibilität, wegen der einfacheren Rezyklierbarkeit sowie aus ökonomischen Überlegungen, eine andere Technik als sinnvoller an: Die Hülle besteht bei ihm nicht mehr aus einem multifunktionalen ‚Alleskönner', sondern aus einer Vielzahl spezifisch auf jeweils ein einzelnes Anforderungsprofil reagierender Elemente, sogenannter Zellen. Jede einzelne Zelle ist hochspezifisch und monofunktional. Die Zellen werden in ein leichtes Traggitter eingehängt. Das Traggitter und eventuell zugehörige Stützen bilden die tragende Konstruktion.

Die Anordnung und die Auftretenshäufigkeit einzelner Zellen hängt vom Gebäudetyp, seiner Lage und der Art der Nutzung ab. Spätere Veränderungen des Belegungsmusters sind

- absorption of heat generated in the internal space
- ventilation
- cooling of the shell
- heating of the shell
- room acoustics
- building acoustics

with the objective of minimising energy input. Similar ideas and requirement profiles of an "ideal" building shell were formulated as early as around 1970. At that time various authors proposed multifunctional "allrounders" as a solution. Because of the complexity of the sometimes mutually exclusive requirement profiles, such building designs never even reached the prototype stage. For reasons of flexibility and easier recycling, as well as for economic reasons, Werner Sobek regards a different technology as more sensible: in his designs, the envelope or shell no longer consists of a multifunctional "allrounder" but of numerous elements or "cells", each of which reacts specifically to a single requirement profile. Each individual cell is highly specific and monofunctional. The cells are suspended in a lightweight grid structure. Together with any columns that may be required, the grid structure forms the load-bearing structural frame.

The arrangement and number of individual cells depends on the type of building, its location and type of use. Changing the cell arrangement or pattern at a later stage is possible by substituting or interchanging individual cells. All cells are linked to a common supply of energy which is provided by energy-absorbing cells. The individual cells are controlled in sections or groups by means of local intelligence. The system is self-adapting. A building envelope assembled from such cells is the technical equivalent of the human skin. Light-transmitting cells control the transmission of daylight into the interior. The amount of light transmitted depends on the light intensity outside the building and the demand for light inside.

Ventilation cells control the supply and exhaust air flows, i.e., the entire ventilation. The control system responds to the demand for air inside the building.

Energy-absorbing cells absorb, for instance, the solar energy hitting the envelope. The collection of solar energy may be effected by solar cells.

The other functions mentioned above can be provided by suitably equipped types of cells. The individual cells can be manufactured to various levels of technological sophistication.

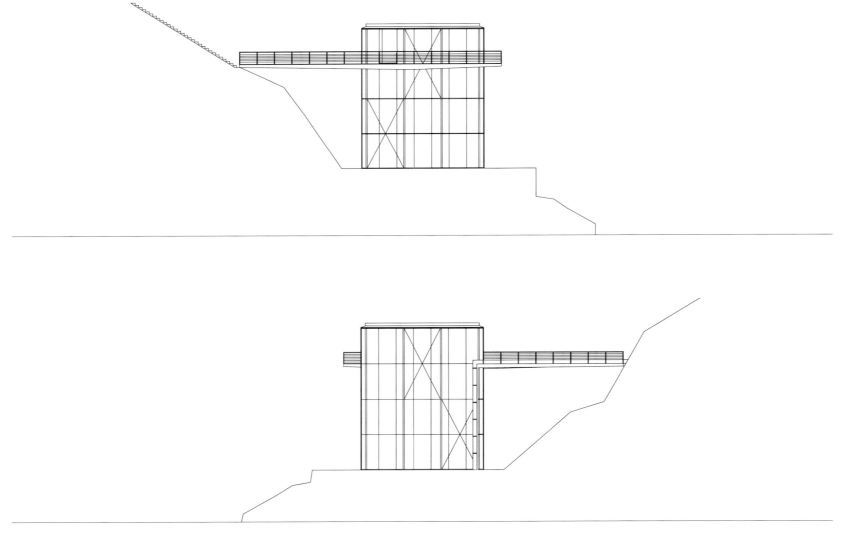

durch Austauschen bzw. Vertauschen von Einzelzellen möglich. Alle Zellen hängen an einer gemeinsamen Energieversorgung, die jeweils bereichsweise durch energieabsorbierende Zellen gewährleistet wird. Die Steuerung der einzelnen Zellen erfolgt bereichsweise und durch lokale Intelligenz. Das System ist selbstanpassend. Eine aus derartigen Zellen zusammengesetzte Hülle ist das technische Äquivalent der menschlichen Haut.

Lichttransmissionszellen haben die Aufgabe, den Lichtdurchgang von Außen nach Innen zu steuern. Die Regelung erfolgt in Abhängigkeit der äußeren Lichteinwirkung und des Lichtbedarfs im Inneren.

Belüftungszellen haben die Aufgabe, die Zu- und Abluftströme, d.h. letztlich die gesamte Luftversorgung, zu steuern. Die Regelung erfolgt in Abhängigkeit des Luftbedarfs im Inneren.

Energieabsorptionszellen haben die Aufgabe, beispielsweise solare Energie, die auf die Hülle auftrifft, zu absorbieren. Dies kann beispielsweise durch Photovoltaikelemente erfolgen.

Die anderen genannten Funktionen werden durch entsprechend ausgestattete Zelltypen erfüllt.

Die einzelnen Zellen können in unterschiedlichen Technologieniveaus hergestellt werden. Hierdurch werden insbesondere Effektivität, Preis und Robustheit bestimmt. Werner Sobek und Finn Geipel differenzieren zur Zeit hinsichtlich der technischen Funktionsweise in mehrere Zellgenerationen:

Die Zellen der dritten Generation basieren alle auf mechanischen Funktionselementen mit pneumatischer, hydraulischer oder elektrischer Energiezuführung. Derartige Zellen sind heute für alle oben genannten Zelltypen verfügbar. Es sind Ein-Aus-Zustände und Zwischenzustände möglich.

Die Zellen der vierten Generation basieren auf Funktionselementen, die ihren Chemismus reversibel verändern bzw. die auf physikalisch-chemischen Prozessen basieren. Zu ihnen gehören beispielsweise die elektrochromen oder die thermochromen Gläser bzw. Folien, Photovoltaikzellen etc. Die Energieversorgung erfolgt elektrisch oder durch Licht/Wärmezuführung. Es sind Ein-Aus-Zustände, teilweise Zwischenzustände möglich. Zellen der vierten Zellgeneration sind heute erst für wenige Funktionen auf dem Markt verfügbar.

Die Zellen der fünften Generation basieren auf biologischen Funktionselementen. Sie sind teilweise selbstwachsend bzw. selbstregenerierend. Es sind unterschiedliche Ener-

The latter determines especially the efficiency, cost and reliability. With regard to the technical functions, Werner Sobek and Finn Geipel currently differentiate between a number of cell generations:

The cells of the third generation are all based on mechanical functional elements with pneumatic, hydraulic or electrical energy supply. Such cells are available for all the above-named types of cell; they allow On/Off as well as intermediate states.

The cells of the fourth generation are based on functional elements which alter their chemistry in a reversible manner or which are based on physical/chemical processes. Such elements comprise, for instance, electrochromic or thermochromic glass or foils, solar cells, etc. Energy is supplied either in the form of electricity or light/heat. On/Off states, and sometimes intermediate states, are possible. Cells of the fourth generation are at present commercially available only for a few functions.

Cells of the fifth generation are based on biological functional elements. Some of them are self-growing or self-regenerating. Various options of energy supply are available including self-sufficient photosynthetic processes. It appears that On/Off states and intermediate states are possible. Cells of this fifth generation are at present not commercially available yet. Cells of different generations may be combined within an envelope.

In the case of the new Cargo Service Centre for the German Railways, which had been the subject of an architectural competition, the idea of a self-adapting envelope consisting of individual functional cells, was applied in an ideal way. In this design, a large multi-storey space comprising individual mezzanine levels is covered by an envelope which acts as a roof. On the various levels the office structure of this service company can organise itself, free of any restrictions imposed by the building, in a permanent process of self-organisation. It is the envelope that makes this possible and supports any change in the pattern of use. In addition, the envelope always ensures, thanks to its adaptability, optimum lighting, ventilation and temperature conditions in the enclosed space. The envelope itself consists of many individual cells which can be divided into a few groups: cells with variable light transmission; energy-absorbing cells; acoustic cells and ventilation cells.

A building which is remarkable in a different way is Werner Sobek's own house. It is designed and will be built as a house requiring absolutely no input of heating energy and

Römerstrasse building: views
Haus Römerstraße: Ansichten

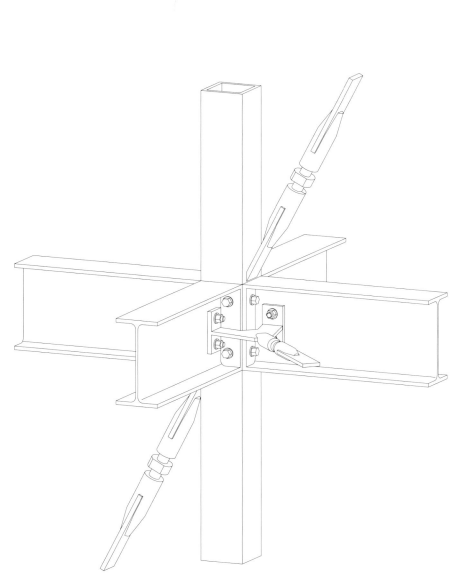

Römerstrasse building: node of the steel frame structure with connected diagonal tension braces
Haus Römerstraße: Knoten der Stahlskelettkonstruktion mit angeschlossenen Diagonalen, als Zugbänder ausgebildet

gieversorgungsmöglichkeiten vorhanden, bis hin zu selbstversorgenden photosynthetischen Prozessen. Es erscheinen sowohl Ein-Aus-Zustände wie Zwischenzustände möglich. Zellen dieser fünften Zellgeneration sind heute noch nicht auf dem Markt verfügbar. Innerhalb einer Hülle können Zellen unterschiedlicher Generationen plaziert werden.

Bei dem im Rahmen eines eingeladenen Architekturwettbewerbes entworfenen Cargo – Kundendienst-Center der Deutschen Bahn AG konnte die Idee der selbstanpassenden, aus einzelnen Funktionszellen bestehenden Hülle in idealer Weise angewendet werden. In diesem Entwurf wird ein mehrgeschossiger, aus einzelnen, immer wieder durchbrochenen Ebenen bestehender Großraum von einer Hülle überdacht. Auf den einzelnen Ebenen der Decken kann sich die Bürostruktur des Dienstleistungsunternehmens vollkommen frei von baulichen Restriktionen in einem permanenten Selbstorganisationsprozeß gruppieren. Die Gebäudehülle ermöglicht dies und stützt die Veränderung der Nutzungsstruktur. Darüber hinaus sorgt die Hülle durch ihre Adaptionsfähigkeit für stets optimale Licht-, Luft- und Temperaturverhältnisse im Innenraum. Die Hülle selbst besteht aus vielen Einzelzellen, die sich in wenige Gruppen einteilen lassen. Die Gruppierung erfolgt in Zellen mit variabler Lichttransmission, Energieabsorbern, Akustikzellen und Lüftungszellen.

Ein – in anderer Art bemerkenswertes – Gebäude ist das eigene Haus von Werner Sobek. Es wird als emissionsfreies Null-Heizenergiehaus errichtet und ist rundum mit einer hochwertigen Dreifachverglasung verglast. Die eingestrahlte Sonnenenergie wird über wasserdurchflossene Absorber einem Wärmespeicher zugeführt, aus dem das Gebäude im Winter beheizt wird. Die Absorber wirken dann als Wärmestrahler. Eine Heizung ist nicht erforderlich, der Strom für die Pumpen wird photovoltaisch erzeugt. Das Haus ohne Schornstein besteht ausschließlich aus Ein-Werkstoff-Bauteilen, die sich einfachst fügen und entfügen lassen. Das Gebäude ist damit das erste vollkommen rezyklierbare Einfamilienhaus überhaupt.

emitting no polluting gases. It is glazed all round with high quality triple glazing. Solar energy is collected by means of heat-absorbing solar collector panels which use water to transfer the heat to a heat storage vessel that heats the building in the winter. During the heating period, the solar collectors act as radiators. A heating system is not required, and the electricity needed to power the pumps is generated by solar cells. This house without a chimney consists solely of single-material components which can be easily assembled and dismantled. This means that this building is the first private house which is completely recyclable.

Convertible Structures
(Ver-)Wandelbare Strukturen

Aus der Überzeugung heraus, daß ein Gebäude nie und nimmer etwas unveränderbares, etwas a priori fertiges und zudem nicht auf die sich ständig verändernden Nutzerbedürfnisse und Umgebungsbedingungen reagierendes sein darf, resultierten bereits zu Anfang seines Studiums Werner Sobeks Überlegungen und Arbeiten zu wandelbaren Strukturen. Neben der Beschäftigung mit den Faltungsmechanismen der aus starren Einzelkomponenten bestehenden Stabtragwerke oder der faltbaren Plattensysteme gewann dabei sehr früh die Beschäftigung mit textilen Baustoffen eine besondere Bedeutung. Auf diesem Gebiet gab es zwar einige grundlegende Arbeiten, andererseits lagen jedoch noch enorme Wissenslücken, aber auch Entwicklungsmöglichkeiten vor. Interessant ist, daß Werner Sobek sich zunächst mit dem Membranbau im klassischen Sinn beschäftigte, also mit den räumlich gekrümmten, zweiachsig auf Zug vorgespannten Membranen. Es galt zuallererst, die in keiner Vorlesung und in keinem Lehrbuch aufzufindende ingenieurmäßige Behandlung des Bauens mit Membranen zu erlernen und die dabei vorgefundenen Wissenslücken zu schließen.

Die Einzelschritte der ingenieurmäßigen Behandlung einer Membrankonstruktion bestehen aus

- Formfindung
- Beschreibung des Werkstoffverhaltens
- statische Berechnung
- Zuschnittsermittlung
- Werkstattfertigung
- Montage und Vorspannen.

Mit einer Reihe von Einzelschritten beschäftigte sich Werner Sobek besonders intensiv. Für die Formfindung entwickelte er zwei Rechenverfahren und schrieb die zugehörigen Computerprogramme, eines davon zusammen mit Switbert Greiner. Dieses Programm ermöglichte die Berechnung der elasto-plastischen Formgebung rotationssymetrischer Körper. Mit ihm wurde erstmals die Vorausberechnung der Form der Metallmembranspiegel von Jörg Schlaich möglich. Das zweite Verfahren erlaubt die Formfindung von Flächentragwerken nach der von Werner Sobek so benannten „direkten Methode".

Für die statische Berechnung und die Kompensation als wichtigem Teil der Zuschnittsermittlung wird eine Beschreibung des mechanischen Verhaltens des Werkstoffes benötigt: ein Werkstoffgesetz. Bis heute ist jedoch niemand in der Lage, ein umfassend formuliertes Werkstoffgesetz für beschichtete textile

Based on the conviction that a building can never be something that is unchangeable, something that is finished and complete from the beginning or something that does not react to the constantly changing environmental conditions and needs of the user, Werner Sobek turned his attention even at the beginning of his undergraduate studies to convertible structures. Apart from the study of the folding mechanisms of diagonally-braced grid structures consisting of rigid individual components, or folding panel systems, the study of textiles as a building material assumed a particular importance at an early stage. Although some fundamental research work had been carried out in this field, there were still enormous gaps of knowledge but also opportunities for development. It is interesting to note that Werner Sobek first studied membrane structures in the classical sense, i.e., membranes curved 3-dimensionally and tensioned in two axes. The first step was to learn the use of membranes as a building material from the engineer's point of view (there existed neither lectures nor books on this subject) and to fill the existing gaps of knowledge.

The individual steps of treating a membrane structure from the engineer's point of view are as follows:

- Defining the shape
- Describing the behaviour of the material
- Carrying out the structural computations
- Defining the membrane segments
- Fabricating the membrane
- Erecting and tensioning the membrane

Werner Sobek studied a number of these steps with special intensity. To define the shape of membranes, he developed two methods of computation and wrote the associated computer programs, one in collaboration with Switbert Greiner. This program allowed the calculation of the elasto-plastic shaping of rotationally symmetrical bodies. It made it possible for the first time to compute in advance the shape of the metal foil mirrors designed by Jörg Schlaich. The second program makes it possible to define the shape of membrane structures in accordance with the "direct method", as Werner Sobek has called it.

For the structural calculation and for the compensation as an important part of determining the shape of the membrane segments, a description of the mechanical behaviour of the material is needed: i.e., a "law of materials". Until now nobody has been able to formulate a comprehensive "law of materials" applica-

⟨
Convertible roof in Hamburg Rothenbaum: the convertible roof during installation
Bewegliches Dach in Hamburg Rothenbaum: das bewegliche Dach während der Montage der Membrane

Membranen anzugeben. Dies ist darin begründet, daß das viskoelastische Verhalten der einzelnen textilen Faser selbst extrem schwierig zu beschreiben ist. Bündelt man viele Fasern zu einem Garn, so überlagert sich dem Verhalten der Faser eine vom Aufbau des Garns abhängige Strukturdehnung. Verwebt man schließlich die Garne der Kett- und Schußrichtung zu einem Gewebe, so überlagert sich eine weitere, von der Bindungsart und weiteren Webparametern abhängige, Strukturdehnung des Gewebes.

Will man textil bauen, dann ist man auf ingenieurmäßige Ansätze einer Beschreibung des Kraft-Verformungsverhaltens der Gewebe angewiesen. Derartige Ansätze existierten zu Anfang der 80-er Jahre aber nur wenige, und diese waren zudem noch unzureichend. Die souveräne Handhabung textiler Konstruktionen setzte deshalb eine wissenschaftliche Auseinandersetzung mit der Textiltechnik voraus. Werner Sobek studierte deshalb zunächst Faser- und Textiltechnik bei Gerhart Egbers in Stuttgart. Parallel dazu galt es, das Detaillieren textiler Konstruktionen, die Ausformung und konstruktive Durchbildung von Lasteinleitungskonstruktionen in eine dünne, textile Haut einer ingenieurmäßigen Erfassung zu öffnen und dem Stand der Fertigungstechnik anzupassen. Werner Sobek setzte sich zunächst mit der Fertigungstechnik selbst auseinander. Klaus Sauer und Gerhart Fuchslocher von Stromeyer Ingenieurbau in Konstanz gaben ihm Gelegenheit, in den Fertigungsstätten der Firma das Schneiden, Nähen und Verschweißen textiler Membranen nicht nur vor Ort zu beobachten, sondern es auch selbst auszuprobieren. Die intensive Beschäftigung mit den Fertigungs- und Fügetechnologien der einzelnen Baustoffe gehört seither zum Arbeiten von Werner Sobek. Immer wieder findet man ihn in Gießereien, in Metallwebereien, Leimholzbetrieben, Glasverarbeitungsbetrieben oder den Produktionsanlagen der Formel-1-Fahrzeuge von McLaren. Und immer wieder schildert er die Überzeugung, daß „man den Baustoffen nur dann eine Form geben kann, wenn man genau weiß, wie man sie formen kann".

Bauen mit Stoff – unglaublich leicht

Mit textilen Membranen kann man enorme Spannweiten bei minimalem Konstruktionsgewicht überbrücken. Sie sind lichtdurchläßig, transluzent und darüberhinaus die einzigen tragenden Baustoffe, die man falten kann. Mit ihnen kann man lichtdurchflutete Häuser bauen, deren Dach, deren Hülle man

ble to coated textile membranes. The reason for this is that it is extremely difficult to describe the visco-elastic behaviour of the individual textile fibres. When a number of fibres is spun into a yarn, a structured strain which is dependent on the structure of the yarn is superimposed on the behaviour of the fibre. When eventually the yarn is arranged as warp and weft to be woven into a fabric, a further structured strain is superimposed which depends on the type of weave and other weaving parameters.

If we want to use textiles as a building material we need a description of the stress-strain behaviour which is based on engineering methods. Only few such methods existed, however, at the beginning of the eighties and these were inadequate. A competent handling of textile structures therefore required a scientific study of textile technology. Werner Sobek therefore began by studying fibre and textile technology under Gerhart Egbers in Stuttgart. At the same time the detailing of textile structures as well as the shape and constructional details of the structures transferring loads into a thin fabric skin had to be defined in engineering terms and adapted to the state of the art of manufacturing. Werner Sobek first addressed the problem of manufacturing technology. Klaus Sauer and Gerhart Fuchslocher of Stromeyer Ingenieurbau in Konstanz gave him the opportunity not only to watch the cutting, sewing and welding of textile membranes in the company's workshops, but also to try out these operations himself. Since that time, the intensive study of manufacturing and assembly technologies applicable to individual materials has formed an essential ingredient in Werner Sobek's work. Again and again one meets him in foundries, factories producing metal mesh or laminated timber products, glazing workshops or the production units where the McLaren Formula 1 cars are produced. And again and again he reiterates his conviction that "one can shape materials only if one knows exactly how to shape them".

Textile structures – incredibly light

Textile membranes enable us to span enormous spaces for a minimal structural weight. They are translucent and the only load-bearing building materials which can be folded. They can be used to build bright houses whose roof or shell can simply be removed or folded away, if required. This building material, which is so little used, opens up fascinating possibilities. In his very first building, which he de-

bei Bedarf einfach wegfahren oder wegfalten kann. Faszinierende Möglichkeiten stehen mit diesem so wenig benutzen Baustoff offen. Bereits bei seinem allerersten Bauwerk, das er als junger Ingenieur in der Zeit von 1987 bis 1988 im Büro Schlaich Bergermann und Partner plante, nutzte Werner Sobek diese Möglichkeiten des textilen Bauens auf das Extremste aus. Es entstand das bis heute am weitesten gespannte Luftkissen der Welt, die Überdachung der Arena in Nîmes.

Die Überdachung der antiken Arena in Nîmes
Die Stadt Nîmes in Südfrankreich besitzt eine nahezu 2000 Jahre alte, sehr gut erhaltene römische Arena, die in den vergangenen Jahrhunderten stets der kulturelle Mittelpunkt der Stadt war. In der Arena finden im Sommer viele Veranstaltungen statt: Tennisturniere und Rockkonzerte, Stierkämpfe und Opernaufführungen. Aus der Notwendigkeit heraus, für die Winterzeit ebenfalls einen Raum entsprechender Qualiät vorzuhalten, entstand in Nîmes die Überlegung einer jährlich zu installsigned as a young engineer working for Schlaich Bergermann & Partner during 1987–88, Werner Sobek exploited the possibilities of textiles as a building material to an extreme degree. The result was the roof over the Roman amphitheatre in Nîmes, a pneumatic cushion, which to this day has the largest span of any such structure in the world.

Roofing the antique amphitheatre in Nîmes
The town of Nîmes in southern France has a nearly 2,000-year-old very well preserved Roman amphitheatre, which has formed the cultural centre of the town over the past centuries. In the summer, the amphitheatre hosts many events: tennis matches and rock concerts, bullfights and opera performances. The necessity of providing a space of commensurate quality for the winter months as well gave rise to the idea that the amphitheatre could be equipped with a temporary roof, which would be installed every year at the beginning of the winter season. The idea was soon rejected but then taken up again and tenaciously pursued by the architects Finn

Couverture des Arènes de Nîmes: air cushion being lifted before inflation
Couverture des Arènes de Nîmes: Das Luftkissen wird, noch luftleer, hochgehoben.

lierenden saisonalen Überdachung der Arena. Der Gedanke wurde alsbald verworfen, von den Architekten Finn Geipel und Nicolas Michelin jedoch wieder aufgenommen und hartnäckig verfolgt. In Zusammenarbeit mit Werner Sobek entstand 1987 der Entwurf für die Überdachung der antiken Arena in Nîmes.

Seit 1988 wird die Überdachung jeweils im Oktober in die römische Arena ein- und im darauffolgenden April wieder ausgebaut. Während der Winterperiode überdacht sie stützenfrei einen Raum von 5000 m² Grundfläche. Die Arena bleibt somit auch im Winter der zentrale Veranstaltungsort der Stadt.

Die einfache Gestaltung der jährlichen Montage bzw. Demontage erforderte, daß das Gesamtbauwerk aus einer Vielzahl einfach zu handhabender Komponenten zusammengesetzt wird. Es gibt keine verwechselbaren Teile und nur wenige Bauteiltypen. So kommen beispielsweise nur ein Schraubentyp und nur drei unterschiedliche Bolzentypen zur Anwendung.

Die eigentliche Dachfläche wird aus einem im Grundriß nahezu elliptischen Luftkissen von

Geipel and Nicolas Michelin. The design for the roof over the antique amphitheatre in Nîmes was presented in collaboration with Werner Sobek in 1987.

Since 1988 the roof has been installed in the Roman amphitheatre every year in October and removed again the following April. During the winter, it spans unsupported an area of 5000 square metres. This means that the amphitheatre remains the centre of events in the town even in winter.

The required ease and simplicity of the annual assembly/erection and dismantling procedure demanded that the structure should be assembled from numerous components or modules which could be easily handled. There are no interchangeable components and only a few types of component; for instance, only one type of screw and only three different types of bolts are used.

The actual roof area is formed by a pneumatic cushion of almost elliptical plan with spans of 60 x 90 metres. This cushion consists of a top and bottom membrane made of PVC-coated polyester fabrics, which are pre-tensioned by

Couverture des Arènes de Nîmes: detail view of cushion to lifting gear mounting before inflation
Couverture des Arènes de Nîmes: Detailansicht der Befestigung des noch luftleeren Kissens an der Hebeeinrichtung

60 x 90 m Spannweite gebildet. Dieses Luftkissen besteht aus einer oberen und einer unteren Membrane aus PVC-beschichteten Polyestergeweben, die durch einen geringen Luftüberdruck im Inneren des Kissens vorgespannt werden. Die obere und die untere Membrane werden durch einen umlaufenden Schlaufenstoß miteinander verbunden. Die untere Membrane liegt auf einem Seilnetz auf. Dies ermöglicht einerseits die einfache Abhängung szenographischer Elemente, beispielsweise von Lautsprechern oder Beleuchtungsgruppen. Darüber hinaus wirkt das Seilnetz als Verstärkung der unteren Membrane, so daß diese mit einem geringen Stich und in einer vergleichsweise leichten Qualität ausgeführt werden konnte. Vier Gebläse, von denen die beiden Elektrogebläse mit entsprechenden Schalldämpfern ausgestattet sind, dienen zum Aufblasen des Kissens. Ein Elektrogebläse genügt zur Aufrechterhaltung des inneren Überdrucks im Kissen, die anderen Gebläse sind lediglich als Reserven vorhanden.

Das ausschließlich zugbeanspruchte Kissen wird durch einen druckbeanspruchten Ring eingefaßt. Der Ring hat einen Rechteckhohlquerschnitt mit 500 x 300 mm Außenabmessung und einer Wandstärke von 20 mm. Er besteht aus 30 durch Bolzen verbundenen Elementen und ruht auf 30 Einzelstützen. Das Bauwerk montiert bzw. demontiert sich in wichtigen Bauphasen selbst – unter Zuhilfenahme von hydraulischen Hubzylindern, die auf den Köpfen der Stützen montiert sind.

Die Transluzenz der verwendeten Membranen sowie die Transparenz der aus 430 Einzelsegmenten bestehenden Fassade schaffen einen lichtdurchfluteten Innenraum, der tagsüber, auch bei Veranstaltungen, keinerlei zusätzliche Beleuchtungen erfordert.

Die Couverture des Arènes stellt das größte jemals gebaute Luftkissen dar. Sie war Werner Sobeks erster und einer seiner prägendsten Bauten. Und es war ein Gebäude, „das nicht immer da ist". Dieses Nicht-Permanente, das Demontable, das Veränderbare im Gebauten hatte fortan eine besondere Bedeutung für sein Schaffen. In den ersten zehn Jahren seiner Berufstätigkeit entstanden dabei eine ganze Reihe wichtiger Ausstellungsbauten: Ein Messestand für SUN-Microsystems, der Time Tunnel, Ausstellungsbauten für Mercedes Benz und für BMW.

Demontable Strukturen – Ausstellungsbauten

Der Grundcharakter der Ausstellungsbauten ist das Vorübergehende, das – vielleicht an

a light air pressure inside the cushion. The top and bottom membranes are connected along their edges by means of an interlocking loop joint. The lower membrane is supported by a cable net. This allows stage equipment such as loudspeakers or lamp units to be suspended easily. Moreover the cable net acts as reinforcement of the lower membrane, enabling the latter to be manufactured in a comparatively lightweight quality and with a small sag. Four fans are used to inflate the cushion; the two electric fans are fitted with suitable silencers. One electric fan is sufficient to maintain the pressure in the cushion; the other fans simply serve as backup units.

The cushion, which is exclusively in tension, is surrounded by an anchor ring, which is in compression. The ring section is hollow and rectangular and measures 500 by 300 mm outside; the wall thickness is 20 mm. The ring consists of 30 sections connected by bolts and rests on 30 single support columns. In the important stages of erection, the structure assembles and dismantles itself by using hydraulic rams which are fitted to the heads of the columns.

The translucence of the membranes, as well as the transparency of the façade, which consists of 430 individual segments, provide an interior flooded with light which, during daytime, needs no additional lighting even when events are being staged.

The Couverture des Arènes is the largest pneumatic cushion ever built. It is Werner Sobek's first and one of his most significant buildings. And it is a building "which is not always there". This non-permanent, dismountable and modifiable nature of a building was thenceforth of particular importance in his work. In the first ten years of his professional career he designed a series of significant exhibition buildings: a trade fair stand for SUN Microsystems, the Time Tunnel, exhibition stands for Mercedes-Benz and BMW.

Dismountable structures – Exhibition stands

Exhibition stands are basically of a temporary or transient nature; they are created or erected at various sites for limited periods. At the same time, the architecture of such structures is, unlike that of other buildings, tailored precisely to the client or a product. It supports the intention and exhibition to an extreme degree: on the one hand, by fading into the background to such an extent as to become unrecognisable; on the other, by merging architecture, intention and exhibition into one unit.

unterschiedlichen Orten – für jeweils beschränkte Zeitspannen neu Entstehende. Gleichzeitig wird die Architektur dieser Bauten präzise und zeitnah wie sonst kaum auf einen Bauherrn oder ein Produkt hin orientiert. Sie unterstützt Intention und Exposition in extremer Weise: einerseits, indem sie sich bis zur Nichterkennbarkeit zurücknimmt, andererseits, indem Architektur, Intention und Exposition zu einer Einheit verschmelzen.

Die Konstruktion als wesentlicher Bestandteil der Architektur besitzt bei den temporären Bauten einen besonderen Stellenwert. Die konstruktive Durchbildung eines temporären Gebäudes bestimmt beispielsweise ganz wesentlich dessen Funktionieren: Einfache Montage, Zerlegbarkeit, standardisierte Bauelemente, beschränkte Stückgrößen und Minimierung des Massenaufwandes sind eine Reihe von Schlagworten aus dem Bereich der Bautechnik. Größere Spannweiten und Gebäudehöhen, neue Werkstoffe und Konstruktionsweisen stehen für das Bemühen, den gestalterischen und technischen Anspruch eines Produktes, eines Exponates, durch die Konstruktion des Gebäudes selbst zu bestätigen oder gar zu überhöhen.

Konstruktion ist bei den temporären Bauten auch deshalb wesentlicher Bestandteil der Architektur, weil andere, den Entwurf beeinflußende Parameter und Anforderungen bei fliegenden Bauten entweder nicht oder nur in abgeschwächter Form zur Anwendung kommen. Hierzu gehören beispielsweise Aspekte des Wärme- und Schallschutzes. Brandschutzanforderungen können wegen der zumeist sehr spezifischen Benutzungsmuster dieser Gebäude häufig genauso zurückgenommen werden wie die durch temporäre Bauten aufzunehmenden Belastungen aus Schnee und Wind. Darüber hinaus erlaubt man beim Benutzungskomfort häufig gewisse Einschränkungen.

Durch die reduzierte Zahl von Auflagen und Restriktionen wird das Entwerfen zunächst einfacher. Die architektonische Intention läßt sich rigoroser formulieren, die Demonstration einer technischen und ingenieurkünstlerischen Position kann hierin, wenn immer angemessen, einfacher eingewoben werden. Es ist deshalb nicht verwunderlich, daß beispielsweise Ausstellungsbauten immer wieder zu Avantgardeprojekten der Ingenieurkunst, der Baukunst wurden. Gerade den Ausstellungsbauten kommt somit aber auch eine grundlegende Bedeutung als Innovationsquelle, als Experimentierfeld der Architektur zu.

In the case of temporary buildings, the constructional design as an essential part of the architecture assumes a special importance. The structural detailing of a temporary building, for instance, determines to a large degree its functioning: easy assembly and erection, dismountability, standardised construction elements, limited size of components or assemblies and weight minimisation are a number of key terms used in building construction. Larger spans and greater heights, new materials and methods of construction reflect the desire to confirm or even emphasise the design and technical attributes of a product or an exhibit, by means of the design of the building itself.

With temporary buildings the constructional design is also a crucial ingredient of the architecture because other parameters and requirements affecting the design are, in the case of non-permanent buildings, applied only in a moderated form or not at all. Among these are, for instance, aspects of heat and sound insulation. Because of the, in most cases, very specific patterns of usage of such temporary buildings, fire safety requirements, as well as snow and wind loads, can frequently be scaled down. In addition, certain concessions are frequently made with regard to user comfort.

The reduced number of requirements and restrictions initially renders the design work easier. The architectural intention can be formulated and stated more rigorously and the statement of a technical or engineering position, can, whenever appropriate, be included more easily. It is therefore not surprising that exhibition buildings, for instance, again and again become avantgarde projects of engineering and architecture. It is especially the exhibition buildings that assume a fundamental importance as a source of innovation and a field of experimentation in architecture.

Werner Sobek has always exploited this field of experimentation. In those cases where the load-bearing structure crucially affects the architectural appearance or where load-bearing structure and constructional design become architecture, the engineers involved in the design process must possess a high degree of architectural competence. If this is not the case, their contribution can never be optimally targeted. This becomes evident in view of the fact that for each design problem there is usually quite a number of "correct" solutions. Contrary to the constantly reiterated hypothesis that a single "classic" and "correct" solution exists, the variety of solutions existing in reality is defined by the numerous different

Werner Sobek hat dieses Experimentierfeld immer genutzt. Dort, wo die tragende Konstruktion die architektonische Erscheinung wesentlich beeinflußt, wo Tragwerk und Konstruktion Architektur werden, müssen die in einen Entwurfsprozeß eingebundenen Ingenieure ein hohes Maß an architektonischer Kompetenz besitzen. Ansonsten können ihre Beiträge nie optimal zielorientiert sein. Dies wird evident angesichts der Tatsache, daß es für jedes konstruktive Problem üblicherweise eine ganze Reihe von „richtigen" Lösungen gibt. Entgegen der immer wieder genannten Hypothese der Existenz einer einzigen „klassischen" und „richtigen" Lösung wird die tatsächlich vorhandene Lösungsvielfalt durch die Vielzahl unterschiedlicher verwendbarer Baustoffe, durch die unterschiedlichen Bauweisen (Formen und Fügen der Komponenten) und durch die Vielzahl unterschiedlicher Strukturkonzepte (aufgelöste oder geschlossene Bauteile, biegebeanspruchte Konstruktionen versus ausschließlich normalkraftbeanspruchte Konstruktionen, etc.) beschrieben. Damit kann man aber als Ingenieur für jedes Gebäude eine ganze Palette von konstruktiven Lösungen entwickeln, die alle die vorgegebenen ökologischen und ökonomischen Randbedingungen erfüllen.

Die Frage, welche dieser vielen jeweils vorhandenen Lösungen in den Entwurfsprozeß, in die gemeinsame Arbeit von Architekt und Ingenieur eingebracht werden sollen, führt direkt auf eines der großen und bis heute nicht erkannten Probleme der Ingenieurbaukunst, den Stilbegriff. Es mag überraschen, aber ein Stilbegriff, wie er z.B. in der Architektur, der Malerei oder der Musik vorhanden ist, ist in der Ingenieurbaukunst nicht existent. Natürlich ist die Zuordnung einzelner Arbeiten zu unterschiedlichen Stilen stets mit gewissen Unvollkommenheiten verbunden. Dies soll hier nicht zur Diskussion stehen. Das Bemerkenswerte ist, daß ein Stilbegriff und damit die Bewußtwerdung, daß Ingenieurbaukunst, insbesondere hinsichtlich ihrer formalen und konstruktiven Erscheinung differenzierbar, in einzelne Handschriften, Auffassungen, Stile unterscheidbar ist, vollkommen fehlt. Damit mangelt es an der Fähigkeit zur Bewertung einer Konstruktion hinsichtlich formaler und konstruktiver Aspekte durch die Ingenieure selbst. Werner Sobek war wohl der erste Ingenieur, der dies erkannt und hierauf hingewiesen hat. Für ihn selbst waren die durchgehende und erkennbare konstruktive Logik sowie das einheitliche, durchgehend ablesbare Gestaltungsprinzip seiner Entwürfe immer selbstverständliches Ziel, genauso wie die building materials, by the different methods of construction (the forming and joining of components) and by the large number of different structural concepts (composite or unitised components, structures subject to bending loads versus structures exclusively subject to normal loads, etc.). This means that as an engineer one can for every building develop a whole range of constructional solutions which all meet the specified ecological and economical terms of reference.

The question of which of these many available solutions should be incorporated into the design process and the process of collaboration between engineer and architect, leads us directly to one of the great and as yet not recognised problems of the art of engineering, i.e., the question of style. It may seem surprising, but "style" as used in architecture, painting or music, is non-existent in engineering. It is obvious that the attribution of individual works to different styles always entails certain imperfections or inaccuracies. This is a point which is not being discussed here. What is remarkable is that a concept of "style" – and therefore a consciousness that civil engineering, which can be categorised especially in respect of its formal and constructional appearance and differentiated by means of individual manuscripts, ideas and styles – is entirely absent. As a result, the engineers themselves are lacking the ability to evaluate a design with regard to formal and constructional aspects. Werner Sobek was probably the first engineer to realise this and draw our attention to it. For him, a consistent and clearly recognisable logic, as well as the uniform and consistent principles of his designs, together with a homogeneity of colours and lines and a perfect matching of design and materials, have always been an obvious objective.

Time Tunnel
One of his earliest projects was the Time Tunnel, a tubular structure of semicircular cross-section and 40 m length, designed to accommodate a space-time-light installation by the Stuttgart artist Ursula Kraft.

The structure, which had been designed by Stuttgart architects LAB. F. AC, was initially erected in Stuttgart for a few weeks before it was to go to London, Paris and Rome. Easy assembly and dismantling, as well as a size of assemblies that could be transported by road, demanded a design which was lightweight and modular. There was no room for superfluous items; all components of the building served only one purpose: to enable the art-

Time Tunnel: inside view
Time Tunnel: Innenansicht

Homogenität der Farb- und Linienführung und die hohe Materialgerechtigkeit der Konstruktion.

Time Tunnel

Eine der frühesten Arbeiten war der Time Tunnel, eine 40 m lange, im Querschnitt halbkreisförmige Röhre, in der eine Raum-Zeit-Licht-Installation der Stuttgarter Künstlerin Ursula Kraft stattfand.

Das vom Stuttgarter Architekturbüro LAB. F. AC entworfene Bauwerk wurde zunächst für einige Wochen in Stuttgart aufgebaut, bevor es nach London, Paris und Rom weiterreisen sollte. Schnelle Montier- und Demontierbarkeit sowie transportgerechte Stückgrößen erforderten den Entwurf einer modularen und leichten Baustruktur. Nichts durfte überflüssig sein, alle Bestandteile des Gebäudes mußten einzig und allein der Realisierung der Installation der Künstlerin dienen. Die Lösung bestand darin, die Röhre selbst als Tragwerk auszubilden. Sie wird deshalb aus einer Reihe modularer Zylindersegmente aus einem Sperrholzsandwich mit integrierten Spanten zusammengesetzt. Dieses Konstruktionsprinzip wird

ist's installation to be exhibited. The solution was to design the tubular tunnel as a self-supporting structure. It was therefore assembled from a number of modular cylindrical segments consisting of a plywood sandwich and built-in frames. This construction is used in boatbuilding. Werner Sobek applied it to a building by using furniture fittings for the butt joints between the segments. The Time Tunnel is so light that it has to be ballasted at the erection site using locally available sand, gravel or earth. Foundations are therefore not needed. When it has come to the end of its useful life, the entire building can be dismantled into individual components which can be sorted according to materials and recycled easily.

A cube for the Mercedes Benz "A" series

To launch the "A" series of cars on the market, Daimler Benz AG planned to use an easily assembled and dismantled structure representing a symbiosis between an exhibition pavilion and the stage set for performances by the Catalan artists La Fura dels Baus,

A-Motion pavilion: view of elevation
A-Motion Pavillon: Ansicht

A-Motion pavilion: partial view of the load-bearing structure of the cube
A-Motion Pavillon: Ausschnitt der tragenden Konstruktion des Kubus

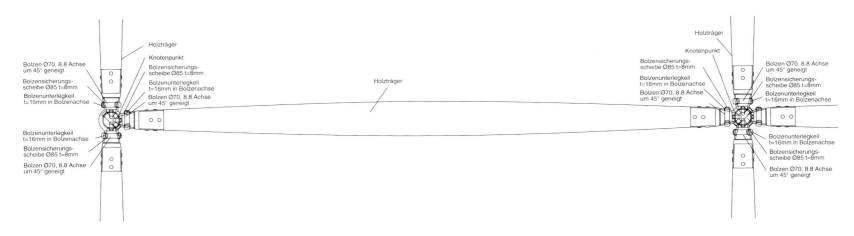

A-Motion pavilion: during erection
A-Motion Pavillon: während der Montage

A-Motion pavilion: cast steel node accommodating columns and beams, detail drawing
A-Motion Pavillon: Knoten aus Stahlguß zur Aufnahme der Stützen und Träger, Detailzeichnung

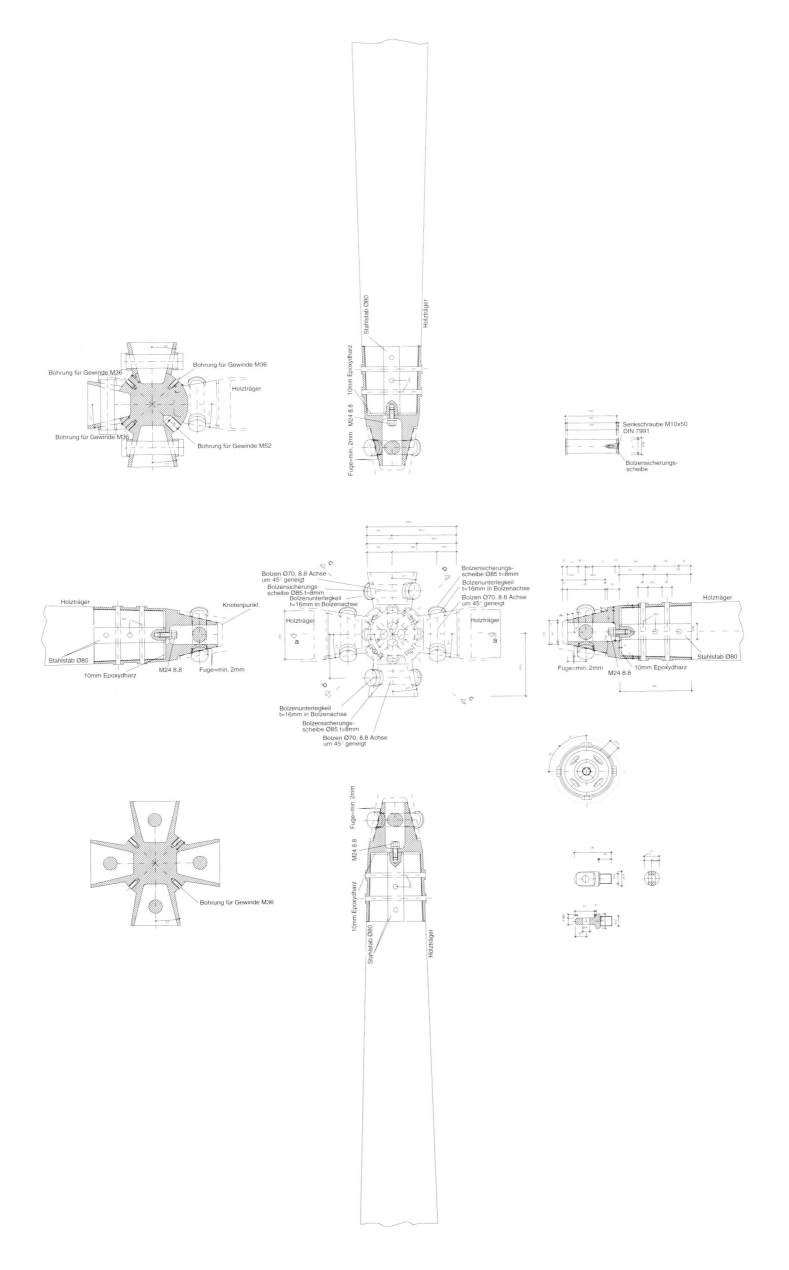

im Bootsbau verwendet. Werner Sobek hat die Konstruktionsweise unter Einbeziehung von Möbelbeschlägen für die Elementstöße für ein Bauwerk eingesetzt. Der Time Tunnel ist so leicht, daß er mit dem jeweils auf der „Baustelle" lokal vorhandenen Sand, Kies oder Erde ballastiert werden muß. Fundamente sind also nicht notwendig. Nach Ablauf der Benutzung läßt sich das gesamte Gebäude in sortenreine Einzelkomponenten zerlegen und entsprechend einfach rezyklieren.

Ein Würfel für die A-Klasse von Mercedes Benz

Zur Markteinführung der A-Klasse plante die Daimler Benz AG, ein montables/demontables Konstrukt, eine Symbiose zwischen einem Ausstellungspavillon und dem Bühnenbild für eine Inszenierung der katalanischen Künstlergruppe La Fura dels Baus, in ungefähr 30 Städten Deutschlands und Europas für jeweils wenige Tage aufzubauen. In Zusammenarbeit mit dem Atelier Markgraf und den Architekten Kauffmann Theilig und Partner, die mit der Konzeption der Idee und der

which was to tour about 30 towns in Germany and Europe and to remain at each site for a few days. In collaboration with Atelier Markgraf and architects Kauffmann Theilig and Partners, who had been commissioned to create the design and provide the architectural planning, the concept of a cube had been developed by the autumn of 1996 after an extremely short period of intensive design work. This cube measured 18 metres along each edge and had a textile skin stretched inside it. It stood on a platform stabilised by ballast and accommodated a number of internal fitments, a "lightpipe", video panels, display cabinets and miscellaneous other items. As the cube was to spend only a few days at each site, it would be dismantled after each visit and transported to the next site by 17 articulated lorries. The time allowed for erection and dismantling was only one day for each operation; an enormous organisational achievement and a great challenge in terms of the design, construction and detailing of the installation, which mostly consisted of the load-bearing structure itself. Additionally fitted

A-Motion pavilion: during the show
A-Motion Pavillon: während der Inszenierung

architektonischen Bearbeitung beauftragt waren, entstand in einer extrem kurzen und intensiven Planungsphase im Herbst 1996 das Konzept des Kubus, eines Würfels mit jeweils 18 m Kantenlänge, in den eine textile Haut verspannt war. Der Kubus stand auf einem ballaststabilisierten Podest, besaß eine Reihe von Einbauten, eine Lightpipe, Videowände, Ausstellungsboxen und vieles mehr. Nur wenige Tage an einem Ort, wurde die Installation jeweils in ihre Einzelteile zerlegt und von insgesamt 17 Sattelschleppern von Stadt zu Stadt transportiert. Auf- und Abbau durften nur einen Tag dauern: eine enorme organisatorische Leistung und eine große Herausforderung an Entwurf, Konstruktion und Detaillierung der Installation, die zum größten Teil aus der tragenden Konstruktion bestand. Zusätzlich angebrachte Netze, Strickleitern, textile Schläuche, Hüllen und Fahnen, Beregnungsgeräte und Flammenwerfer waren integraler Bestandteil der Inszenierung aus Ton, Tanz, Licht, Feuer und Bewegung von Fura dels Baus.

nets, rope ladders, textile hoses, envelopes and flags, water sprays and flame throwers formed an integral part of the performance by Fura dels Baus which included sound, dance, light, fire and movement.

The edges and members halving the cube surfaces consisted of 9 m long laminated timber sections. Each of these sections was machined on a special spindle moulder to a characteristic shape which provided optimum rigidity. Each end of the sections was fitted with a conical cast steel point. During erection, these points were inserted in cast steel nodes and locked in position by means of pins. This represents an extremely quick and robust method of assembly for a timber structure. In addition, some of the surface areas were braced by diagonal tensile members made of high-tensile steel ensuring the stability of the completed structure. The textile roof skin consisted of a PVC-coated polyester membrane featuring a number of new details such as open edge couplings. It was these constructional details that made the very quick erection of the roof possible.

A-Motion pavilion: during the show
A-Motion Pavillon: während der Inszenierung

Die Kanten und Flächenhalbierenden des Kubus bestanden aus 9 m langen BSH-Holzstäben. Jeder der Stäbe wurde auf einer Spezialfräsmaschine zu seiner charakteristischen, die optimale Knicksteifigkeit ergebenden Form bearbeitet. An ihren Enden hatten die Stäbe eine metallische Spitze in Form eines kegelförmigen Stahlgußteils. Bei der Montage wurden die Stäbe mit dieser Metallspitze in einen Stahlgußknoten eingeführt und mit einem Bolzen arretiert. Eine extrem schnelle und robuste Montagetechnik für eine Holzkonstruktion. Einige wenige Felder wurden dabei zusätzlich durch Zugstangen aus hochfestem Stahl ausdiagonalisiert, was die Gesamtstabilität der Konstruktion sicherstellte. Die textile Dachhaut bestand aus einer PVC-beschichteten Polyestermembrane, die eine Reihe neu entwickelter Details, wie z.B. die offenen Randgurtkopplungen aufwies. Erst diese konstruktiven Lösungen ermöglichten die sehr schnelle Montage des Daches.

Der BMW-Pavillon
Der Automobilhersteller BMW positionierte seinen Ausstellungsbereich auf der Internationalen Automobilausstellung IAA'95 in Frankfurt erstmals außerhalb der Messehallen. Auf einem zentralen Platz der Messe Frankfurt entstand ein eigenes Gebäude: Der BMW-Pavillon, eine temporäres Bauwerk, das eine rechteckige Fläche von 100 x 50 m Seitenlänge überdeckte. An einer Seite war der Grundriß halbkreisförmig ausgeschnitten. Dieser Ausschnitt umfaßte den auf dem Platz stehenden Obelisk sowie eine Reihe von Wasserbecken und Springbrunnen.
Das Ausstellungskonzept war von Zinsmeister und Lux in Zürich entwickelt worden. Werner Sobek war für die gesamte Objektplanung und die Tragwerksplanung des Pavillons verantwortlich. Das Bauwerk, das innerhalb einer sehr kurzen Zeit auf- bzw. wieder abzubauen war, sollte die Technikauffassung des Hauses BMW verkörpern. Höchste technische Leistungsfähigkeit war mit einem zurückhaltenden Äußeren, eine minimalisierte Konstruktion mit ökologisch ausgelegten Belichtungs- und Belüftungskonzepten sowie einer Wiederverwendbarkeit des gesamten Pavillons zu kombinieren. Es sollte ein großer Schritt weg von der Wegwerfmentalität des üblichen Messebaus gemacht werden. In diesem Sinn sollte ein Pavillon entstehen, der nach der Messe zwar wieder abgebaut wurde, nach einer jeweils zweijährigen Einlagerung aber zur nächsten IAA wieder aufgebaut werden kann.

The BMW pavilion
At the International Automobile Exhibition IAA'95 in Frankfurt, the car manufacturer BMW located his exhibition stand for the first time outside the exhibition halls. A separate building was erected on a centrally located square of the Frankfurt exhibition centre: the BMW pavilion, a temporary building covering an area of 100 by 50 metres. One side of the pavilion featured a semicircular cutout which encircled the obelisk standing on the square and a number of water basins and fountains.
The exhibition concept had been designed by Zinsmeister and Lux in Zurich. Werner Sobek was responsible for the overall planning of the project and the structural design work. The building, which had to be erected and dismantled again within a short time, was to represent BMW's technological philosophy. Highest technical performance was to be combined with a restrained exterior, a minimalised design to be coupled with ecological lighting and ventilation concepts and the possibility of re-using the entire pavilion. It was to be a great step away from the throw-away mentality that characterised the usual practice of the exhibition industry. In this spirit, a pavilion was to be created which, having been dismantled after the fair, could be re-used after two years for the next IAA.
The pavilion, which was erected for the first time in 1995, consists of a textile membrane fabricated from PVC-coated polyester fabric, which is supported like a tent by steel lattice masts up to 30 metres high. The membrane is supported along its edge by steel columns stabilised by means of guy cables. The façade itself consists of a pneumatically stabilised cushion and glass louvres. The latter can be opened and form, in conjunction with the glass louvres covering the eye-shaped openings in the membrane at the mast heads, a natural ventilation system for the building.
According to the required short erection and dismantling times, the building was standardised in all its constructional details and designed for extremely quick assembly and dismantling. The necessary foundation work was carried out by keeping the top edge of the foundations below the gravel, bed of the cobblestone pavement. Erecting the pavilion therefore merely requires the removal of a few cobblestones and a bit of gravel after which the steel masts or their bases can be anchored to the foundations using a few bolts. Once the pavilion has been dismantled, the underground foundations, complete with

BMW pavilion in Frankfurt: one of the membrane peaks clad with opening louvres
BMW-Pavillon in Frankfurt: einer der mit zu öffnenden Lamellen verkleideten Hochpunkte der Membrane

BMW pavilion in Frankfurt: internal view
BMW-Pavillon in Frankfurt: Innenaufnahme

BMW pavilion in Frankfurt: external façade fitted with opening louvres
BMW-Pavillon in Frankfurt: die mit zu öffnenden Glaslamellen versehene Außenfassade

BMW pavilion in Frankfurt: cutting pattern layout contour lines
BMW-Pavillon in Frankfurt: Zuschnittsmuster und Höhenlinien der Membrane

BMW pavilion in Frankfurt: front view and section through membrane structure
BMW-Pavillon in Frankfurt: Ansicht und Schnitt durch die Membrankonstruktion

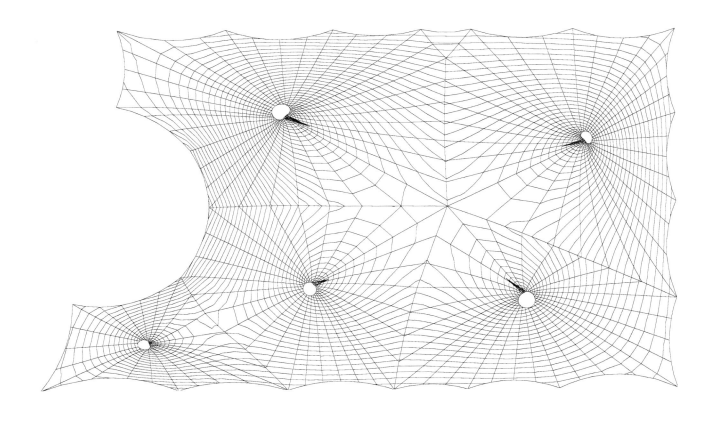
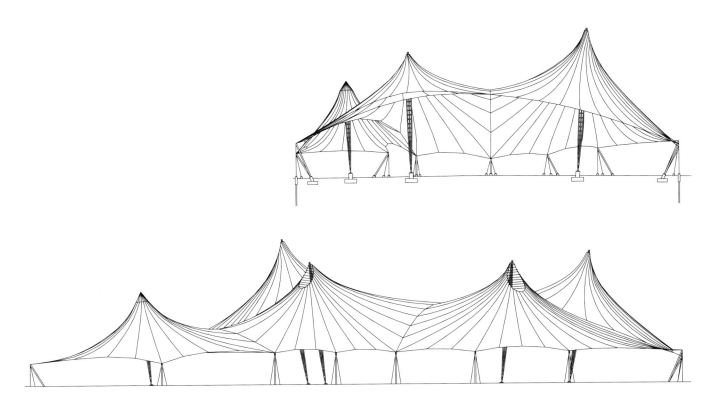

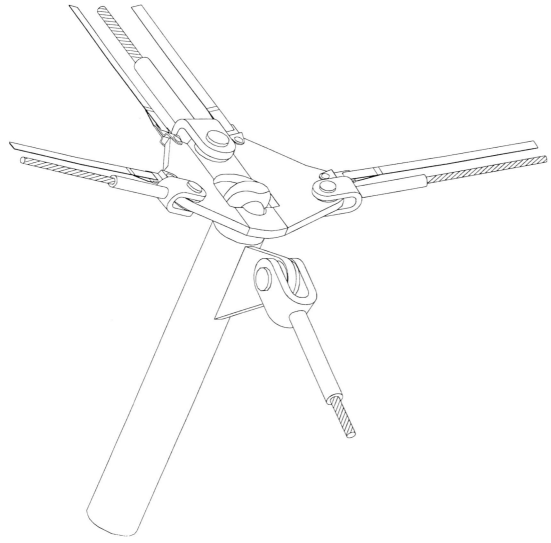

Der 1995 erstmals aufgebaute Pavillon besteht aus einer textilen Membrane aus PVC-beschichtetem Polyestergewebe, die zeltartig über eine Reihe von bis zu 30 m hohen Stahlgittermasten gespannt wird. Entlang ihres Randes wird die Membrane von seilabgespannten Stahlstützen gehalten, die Fassade selbst besteht aus pneumatisch stabilisierten Kissen und aus Glaslamellen. Letztere lassen sich öffnen und bilden so mit den ebenfalls durch Glaslamellen bedeckten augenförmigen Öffnungen in der Membrane im Bereich der Mastspitzen ein natürliches Lüftungssystem für das Gebäude.

Entsprechend den erforderlichen kurzen Auf- und Abbauzeiten wurde das Gebäude in allen seinen konstruktiven Details standardisiert und auf eine extrem schnelle Montier- bzw. Demontierarbeit ausgelegt. Die erforderlichen Fundationsarbeiten wurden vorab so ausgeführt, daß sich die Oberkanten der einzelnen Fundamente unterhalb des zum Platz gehörenden Pflasterbelages und der Kiesbettung befinden. Für die Montage sind dann jeweils nur wenige Pflastersteine und etwas Kies zu entfernen. Danach können die Stahlmasten bzw. ihre Fußpunktkonstruktion mit wenigen Schrauben an den Fundamenten befestigt werden. Nach der Demontage des Pavillons verbleiben die unterirdischen Fundamente mit ihren Anschlußblechen unter der Pflastereindeckung.

Für den Pavillon wurden eine Reihe von besonderen technischen Lösungen entwickelt, die als wichtige Schritte in der Weiterentwicklung des textilen Bauens gesehen werden können. Ein Teil dieser Lösungen bezieht sich auf die Montagetechnik. So werden bei der Montage zunächst alle Randabspannungen aufgestellt und fixiert. Nach dem Auslegen der Maste wird die gesamte Membrane auf den Platz und über die Maste ausgelegt und an die Randabspannungen sowie die Mastspitzen angeschlossen. Jeder der fünf Maste wird anschließend mit einem Autokran angehoben. Dabei gleiten die Mastfußpunkte auf kleinen Holzschlitten auf dem Platz. Nachdem die Mastspitzen ihre Sollposition erreicht haben, werden die Mastfußpunkte in die zugehörigen Lager eingehoben. Nach dem Abhängen der Krane ist die Membrane zunächst schlaff. Durch Ausfahren der Mastspitzen über dort eingebaute Hydraulikzylinder kann anschließend das gesamte Dach innerhalb kürzester Zeit kraftkontrolliert vorgespannt werden. Die Demontage verläuft umgekehrt und entsprechend einfach. Durch die Verlängerbarkeit der Mastspitzen können Geometrieabweichungen ausgeglichen werden, so

foot plates remain in situ below the cobblestone pavement.

For the pavilion, a number of special technical solutions were developed which can be regarded as important steps in the development of textile buildings. Some of these solutions relate to assembly techniques. During erection, all the edge supports are installed and fixed first. After the masts have been laid out, the membrane is laid out over the square and the masts, and connected to its edge supports and the mast heads. The five masts are then lifted to a vertical position by mobile cranes. During this operation, the foot of each mast slides over the pavement on a small timber sledge. As soon as each mast head is in its correct position, the foot of the mast is lifted into its bearing. After the crane hooks have been detached, the membrane is initially slack. By lifting the point of each mast via the hydraulic rams built into the mast heads, the entire roof can subsequently be tensioned in a controlled manner in a very short time. To dismantle the structure, the erection procedure is reversed and is correspondingly simple. The extending mast points can be used to compensate for geometrical errors, which means that the entire building can be erected without having to use adapter components such as turnbuckles. This renders the constructional design very simple and impressive.

Zaragoza

As early as 1987 Werner Sobek, who was at that time working for Schlaich Bergermann & Partner, was given the responsibility of designing and planning the roof, over the bullring in Zaragoza. The structure for the outer roof was designed under the supervision of Rudolf Bergermann; the inner roof, with its many pioneering innovations in the use of moving textile membranes for buildings, was developed by Werner Sobek over the period up to 1990.

The roof, which has a circular plan, spans the bullring unsupported with a free span of approximately 95 metres. The structure consists of two spoked wheels which are concentric and lie on their side. The outer wheel has a rim of 95 m diameter and an open hub of 36 m diameter. The rim consists of a polygonal ring of rectangular steel box section which is filled with concrete to counteract wind uplift. Tensioned steel cables of up to 36 mm diameter form the spoke system. A textile membrane fabricated from PVC-coated polyester fabric, which is built into the lower spoke level and tensioned, forms the outer roof skin.

BMW pavilion in Frankfurt: detail of membrane connection. The membrane connection points are fully articulated.
BMW-Pavillon in Frankfurt: Detail der Absegelung. Die Membrane ist vollkommen gelenkig an die Abspannung angeschlossen.

daß das gesamte Bauwerk ohne eine einzige Geometrieanpassung, beispielsweise in Form von Spannschlössern, auskommt. Die Durchbildung der Konstruktion wird hierdurch sehr einfach und prägnant.

Zaragoza
Bereits 1987 wurde Werner Sobek, damals noch Mitarbeiter im Ingenieurbüro Schlaich Bergermann und Partner, mit den Entwurfs- und Planungsarbeiten für die Überdachung der Arena in Zaragoza betraut. Unter der Leitung von Rudolf Bergermann entstand die Konstruktion des äußeren Daches, das Innendach mit seinen vielen grundlegenden Neuerungen für das Bauen mit beweglichen Textilien, entwickelte Werner Sobek in der Zeit bis 1990.
Die im Grundriß kreisrunde Überdachung überspannt die Arena stützenfrei mit einer freien Spannweite von ca. 95 m. Die Kon-

The inner roof also consists of a system of radial spokes arranged in an upper and lower level. The spoke cables are connected to a horizontally split central hub. The upper hub section to which the upper spokes are connected, and the lower hub section to which all the lower spokes are connected, are linked by a spindle driven by an electric motor. Rotation of the spindle causes the two halves of the hub to move towards one another, thereby tensioning the spoke cables. Tensioning and relaxing the entire cable structure is effected from a single point by means of the spindle rotation which is controlled and monitored by sensors. In Zaragoza, this technology was employed in a building for the first time.
The inner membrane is suspended from individual points, so-called sliding trolleys, which slide on the lower spokes of the central hub. By moving the outer trolley on each lower spoke, the membrane is folded towards the

Arena in Zaragoza: convertible roof membrane in process of closing; approx. 1.5 minutes after start of closing
Arena Zaragoza: die bewegliche Membrane während des Schließens, ca. 1,5 Minuten nach Beginn des Vorgangs

Arena in Zaragoza: convertible roof membrane in process of closing; approx. 2.5 minutes after start of closing
Arena Zaragoza: die bewegliche Membrane während des Schließens, ca. 2.5 Minuten nach Beginn des Vorgangs

struktion besteht aus zwei liegenden, ineinandergebauten Speichenrädern. Das äußere Speichenrad hat einen Durchmesser der Felge von 95 m und einen Durchmesser der offenen Nabe von 36 m. Die Felge besteht aus einem polygonalen, im Querschnitt rechteckigen Stahlhohlkasten, der zur Kompensation abhebender Windkräfte ausbetoniert ist. Vorgespannte Stahlseile mit Durchmessern bis zu 36 mm bilden das System der Speichen. Eine textile Membrane aus PVC-beschichtetem Polyestergewebe, die in die Ebene der unteren Speichenseile eingebaut und vorgespannt wurde, bildet den Raumabschluß für das Außendach.

Das innere Dach besteht ebenfalls aus einem System radial angeordneter oberer und unterer Speichenseile. Die Speichenseile schließen an einer zweiteiligen zentralen Nabe an. Die obere Hälfte der Nabe, an der alle oberen Speichenseile angeschlossen sind, und die untere Hälfte der Nabe, an der alle unteren Speichenseile angeschlossen wurden, sind mit einer elektromotorisch angetriebenen Gewindestange miteinander verbunden. Durch Drehen der Gewindestange werden die beiden Hälften der Nabe gegeneinander bewegt, wodurch das System der Speichenseile vorgespannt wird. Das Vorspannen und das Entspannen der gesamten Seilkonstruktion erfolgt also an einer einzigen Stelle über ein kraftkontrolliertes und sensorüberwachtes Bewegen der Gewindestange. Diese Technik wurde in Zaragoza erstmals für ein Bauwerk verwendet.

Die innere Membrane wird an einzelnen Punkten, sogenannten Gleitwagen, die auf den unteren Speichenseilen der zentralen Nabe gleiten können, angehängt. Durch Bewegen des jeweils äußeren Wagens auf jedem unteren Speichenseil wird die Membrane zur zentralen Nabe hin gefaltet oder entfaltet. Die Bewegung erfolgt, für jedes Speichenseil getrennt, durch einen elektromotorisch angetriebenen Seilzug. Damit wurde in Zaragoza erstmals die antriebstechnische Trennung von Fahren und Vorspannen realisiert. Bisher wurde stets mit sehr teuren, langsam fahrenden Traktoren geöffnet bzw. geschlossen und anschließend vorgespannt. Antriebstechnisch bedeutete dies einen nicht überwindbaren Nachteil: Das Fahren soll schnell erfolgen, die dabei auftretenden Kräfte sind gering, die Wege groß. Das Vorspannen jedoch bedeutet das Aufbringen sehr hoher Kräfte bei sehr kurzen Wegen. Die von Werner Sobek für Zaragoza entwickelte Lösung bedeutet nicht nur das antriebs- und steuerungstechnische Optimum. Sie bedeutete gleichzeitig eine erhebliche Kostenersparnis und einen wesentlichen

central hub or unfolded towards the rim. The trolleys are moved separately along each spoke by an electric motor and steel cable. In this way, the drives used for folding and tensioning were separated in Zaragoza for the first time. Until then, such roofs had always been opened and closed and subsequently tensioned by means of very expensive and slow-moving tractor units. Such tractor units have an insuperable disadvantage: moving the roof should be quick, as the forces required are small and the movements large. Tensioning a roof, on the other hand, requires large forces but small movements. The solution developed by Werner Sobek for Zaragoza not only represented the optimum in terms of drive and control technology; it also represented a considerable cost saving and an important increase in the robustness and reliability of the design. Since its commissioning in 1990, the roof has been operated several hundred times without giving any trouble. Another crucial aspect of the design is that the movement and tensioning operations are monitored by more than one hundred contactless sensors. A central computer processes all the signals and controls the electric motors, as well as the pneumatic locking systems. Although buildings have frequently been compared with machines, Werner Sobek created in Zaragoza for the first time a building which is a machine, using engineering technology.

Rothenbaum

The work carried out for the Zaragoza project required a comprehensive study of sensor, pneumatic and hydraulic technology. Many of the ideas which Werner Sobek had developed in designing the Zaragoza roof but could not apply for various reasons are later found in the BMW pavilion, in the A-Motion pavilion or in the rotating umbrellas. It was obvious that the principles developed during the work on the Zaragoza project allowed for considerably larger applications. For this reason, Werner Sobek proposed in 1991 to use a similar design for the roof over the Centercourt at Rothenbaum in Hamburg. The architect Peter Schweger had been commissioned by the German Tennis Association (Deutscher Tennisbund) to rebuild the entire Rothenbaum facilities including the enlargement of the spectator stands and the roofing of the centre court. Werner Sobek designed this roof and planned its construction together with his employees.

The Centercourt roof spans spectator stands and tennis court in a free span of c. 102 me-

Convertible roof in Hamburg Rothenbaum: permanently covered roof area; view from below
Bewegliches Dach in Hamburg Rothenbaum: Untersicht unter den permanent überdachten Teil des Daches

⟩
Convertible roof in Hamburg Rothenbaum: view of roof during opening
Bewegliches Dach in Hamburg Rothenbaum: das Dach während des Öffnens

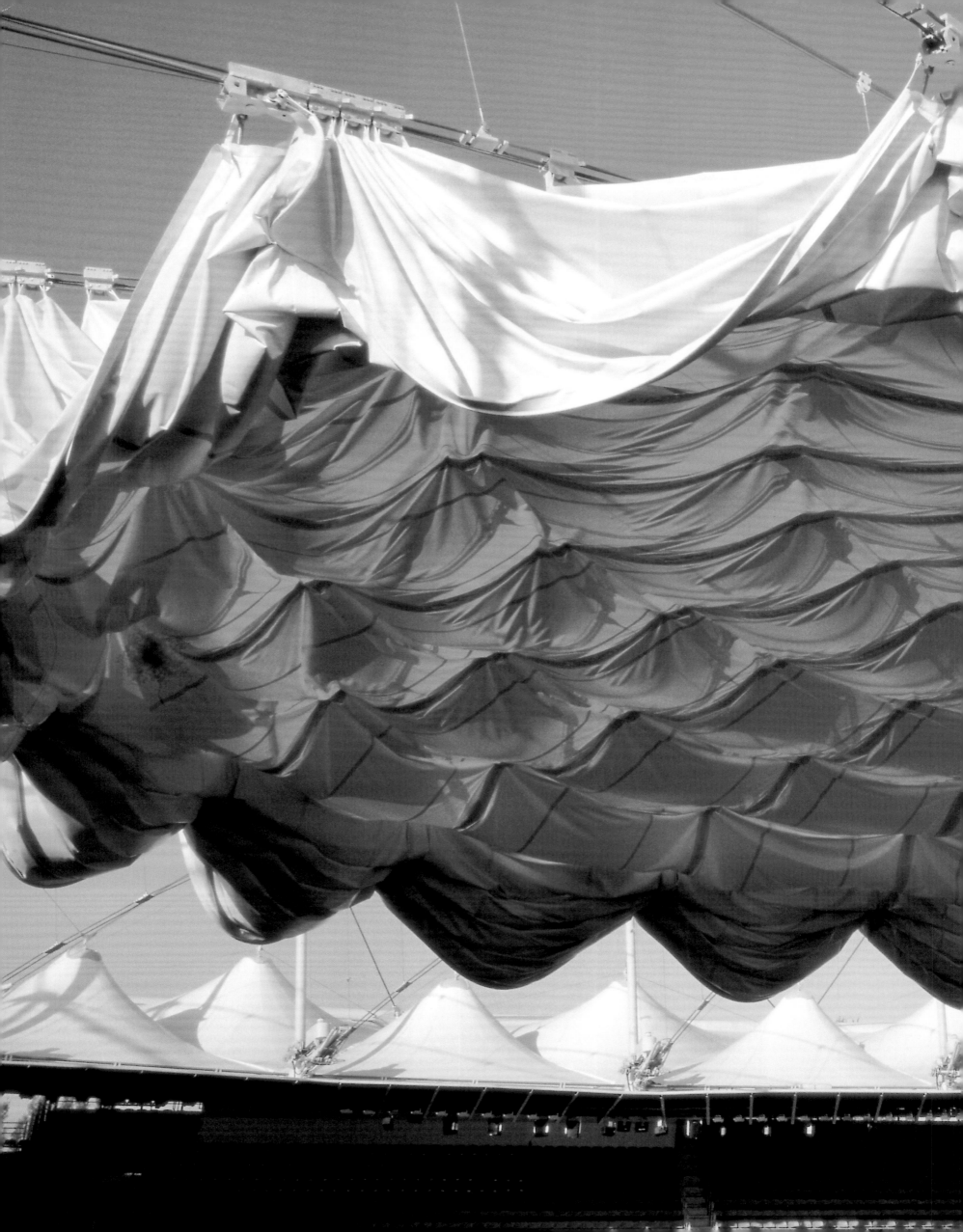

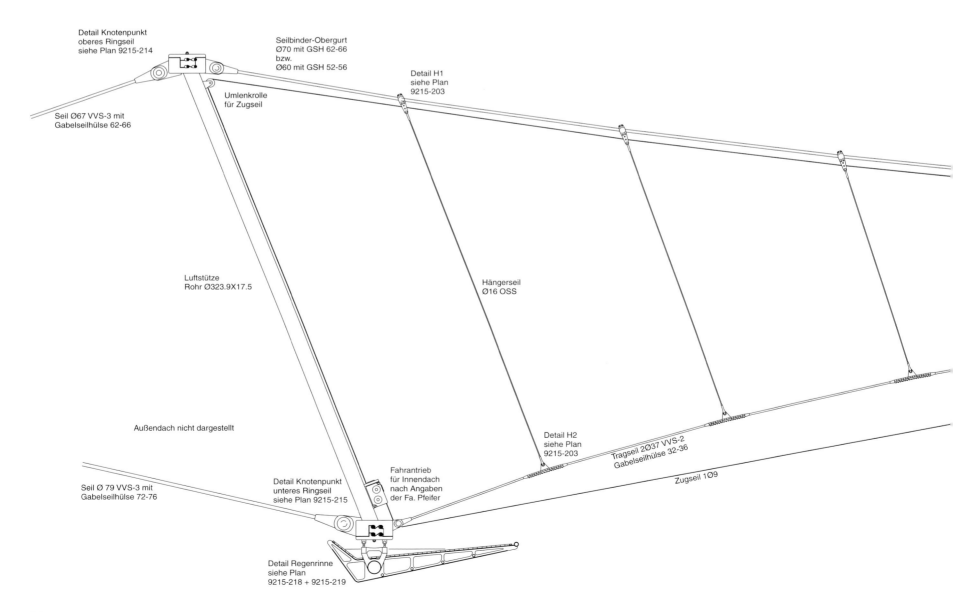

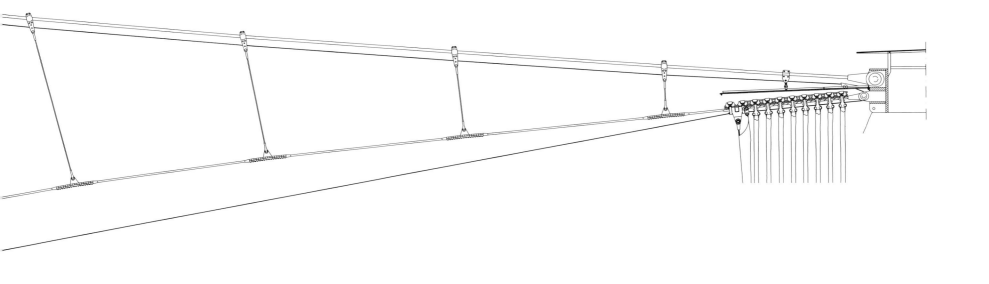

Convertible roof in Hamburg Rothenbaum:
partial cross-section through inner roof structure
Bewegliches Dach in Hamburg Rothenbaum:
Teil des Querschnitts durch die Dachkonstruktion des Innendaches

Convertible roof in Hamburg Rothenbaum: hydraulic tensioners tension the inner moving roof like a drum.
Bewegliches Dach in Hamburg Rothenbaum: Hydraulisch betätigte Vorspanneinrichtungen spannen das innere bewegliche Dach trommelartig vor.

Convertible roof in Hamburg Rothenbaum: view of the central hub from below. The inner membrane has not been installed yet.
Bewegliches Dach in Hamburg Rothenbaum: Blick von unten gegen die Zentralnabe. Die innere Membrane ist noch nicht montiert.

Gewinn an Robustheit der Konstruktion: Seit seiner Eröffnung im Jahr 1990 wurde das Dach bereits mehrere hundert mal gefahren, ohne daß irgendwelche Probleme aufgetreten sind. Wesentlich ist an der Konstruktion weiterhin, daß der gesamte Bewegungs- und Vorspannvorgang durch mehr als einhundert berührungslos messende Sensoren beobachtet wird. Über einen zentralen Rechner werden alle Signale verarbeitet, einschließlich der Steuerung der Elektromotoren und der pneumatisch angetriebenen Verriegelungssysteme. Zwar wurden schon häufig Bauwerke als Maschinen betrachtet, in Zaragoza wurde von Werner Sobek aber zum erstenmal überhaupt ein Bauwerk als Maschine mit der im Maschinenbau vorhandenen Technologie errichtet.

Rothenbaum

Die Arbeiten für Zaragoza erforderten ein umfassendes Einarbeiten in Sensorik, Pneumatik, und Hydraulik. Vieles, was Werner Sobek bei der Überdachung in Zaragoza erarbeitet hatte, aber aus unterschiedlichen Gründen noch nicht anwenden konnte, findet man schließlich im BMW-Pavillon, im A-Motion-Pavillon oder in den drehenden Schirmen wieder. Es war offensichtlich, daß die bei den Arbeiten für Zaragoza entwickelten Prinzipien wesentlich größere Anwendungen zuließen. Aus diesem Grund schlug Werner Sobek 1991 vor, die Überdachung der Centercourt am Rothenbaum in Hamburg mit einem entsprechenden Konstruktionssystem zu realisieren. Der Architekt Peter Schweger hatte vom Deutschen Tennisbund den Auftrag zum Umbau der gesamten Anlage am Rothenbaum einschließlich der Erweiterung der Tribünen und einer Überdachung des Centercourt erhalten. Werner Sobek entwarf diese Überdachung und plante mit seinen Mitarbeitern deren Konstruktion.

Die Überdachung des Centercourt überspannt Tribünen und Spielfläche mit einer freien Spannweite von ca. 102 m. Die Dachkonstruktion, die aus dem Konstruktionsprinzip der horizontal liegenden, ineinander gebauten Speichenräder abgeleitet wurde, besitzt einen äußeren, permanent bedachten Teil und ein bewegliches Innendach, das mit 63 m Durchmesser und einer Fläche von ca. 3000m² das derzeit größte bewegliche Stoffdach der Welt darstellt.

Der permanente Teil des Daches spannt zwischen einem äußeren Druckring und der inneren Hohlnabe. 36 obere und 36 untere Speichenseile verbinden den Druckring und die Hohlnabe, die aus 18 Druckstützen sowie einem oberen und einem unteren Ringseilbündel besteht. Innerhalb der Hohlnabe befindet

tres. The roof structure, which is a derivative of the horizontally placed concentric spoked wheels, comprises a permanently covered outer area and a moving inner roof, which, with its diameter of 63 metres and a surface area of c. 3000 square metres, is currently the largest convertible textile roof in the world.

The permanently covered roof area is tensioned between an outer compression ring and an inner hollow hub. Compression ring and inner hub are linked by 36 upper and 36 lower cable spokes. The hollow hub consists of 18 compression members and an upper and lower ring of cable bundles. Within this hollow hub is the cable structure of the inner roof, which in turn consists of 18 upper and 18 lower radial cables. All the cables of the inner roof are connected to the central hub.

The roof skin consists of two PVC-coated polyester membranes which are integrated into the primary cable system. Both membranes are located in the plane of the lower cable spokes. The outer membrane covers the seat enclosures and is the permanent or fixed roof; the inner membrane can be furled towards the central hub in less than 5 minutes by means of electric motors. Hundreds of contactless sensors monitor and control the synchronous movement of the roof. Anemometers and rain gauges supply the weather data needed to operate the roof. Once the roof has been closed, the membrane is tensioned like a drum by 18 sets of hydraulic rams.

The Sandtorkai bascule bridge

In 1992 Werner Sobek designed, in collaboration with architects Konstantin Kleffel and Uwe Köhnhold, a bascule road bridge for Sandtorkai in Hamburg. This bridge was to have three sections of which the central section could be raised hydraulically. As the bridge was to cross the harbour basin very low above the water, it was essential to minimise its mass. This resulted in a design whose height was adjusted to the lines of the moments of force. In contrast to other existing bascule bridges, Werner Sobek intended to use for the first time an unconcealed counterpoise, whose 200 tonne body would dip into the water whenever the bridge was raised. The closing of the bridge would dramatically emphasise the action when the dripping counterpoise would emerge from the water in full view and immediately in front of any spectators. The proposed design with its visible counterpoise and lifting rams would furthermore allow the use of extremely slen-

sich die Seilkonstruktion des inneren Daches, die wiederum aus jeweils 18 oberen und unteren Radialseilen besteht. Alle Seile des inneren Daches schließen an einer zentralen Nabe an. Den eigentlichen Raumabschluß bilden zwei PVC-beschichtete Polyestermembranen, die in das primäre Seilsystem integriert sind. Beide Membranen liegen jeweils in der Ebene der unteren Speichenseile. Die äußere Membrane überdacht die Sitzplätze und ist als permanente Überdachung ausgebildet, die innere Membrane kann elektromotorisch innerhalb von weniger als 5 Minuten zur zentralen Nabe hin gerafft werden. Hunderte von berührungslos messenden Sensoren überwachen dabei die Synchronität des Fahrvorgangs. Windmeßgeräte und Regenmesser geben die für das Fahren erforderlichen Witterungsdaten an. 18 Hydraulikgruppen spannen das Dach nach dem Schließen wie eine Trommel vor.

Die Klappbrücke am Sandtorkai
Für eine Straßenklappbrücke am Sandtorkai in Hamburg entwarf Werner Sobek 1992 in Zusammenarbeit mit den Architekten Konstantin Kleffel und Uwe Köhnhold eine dreifeldrige Brücke, deren Mittelteil hydraulisch hochgeklappt werden konnte. Da die Brücke sehr niedrig über dem Hafenbecken lag, war die Minimierung der Maße absolutes Gebot, was zum Entwurf einer in ihrer Bauhöhe an den Momentenverlauf angepaßten Konstruktion führte. Anders als bei den bisher gebauten Klappbrücken sah Werner Sobek für die Hamburger Brücke erstmals ein offenliegendes Gegengewicht vor, dessen zweihundert Tonnen schwerer Korpus beim Hochklappen in das Wasser eintauchte. Insbesondere beim Schließen der Brücke, wenn das triefende Gegengewicht unmittelbar vor den Wartenden aus dem Wasser hochtauchte, wurde der Vorgang „Klappbrücke" dramatisch versinnbildlicht. Die vorgeschlagene Lösung mit sichtbarem Ballast und sichtbaren Hebezylindern erlaubte darüberhinaus extrem schlanke Pfeiler, was bei der niedrigen Lage der Brücke formal sehr vorteilhaft war. Die tatsächlich ausgeführte, gestalterisch völlig mißglückte Brücke plante die Strom- und Hafenbehörde anschließend selbst, wobei sie wesentliche Elemente des ursprünglichen Entwurfs unautorisiert kopierte.

der columns, which would have been an advantage given the low height of the road deck above the water. The totally unsuccessful design for this bridge, which was eventually built, had been designed by the Hamburg river and port authority itself, which copied essential elements of the original design without permission.

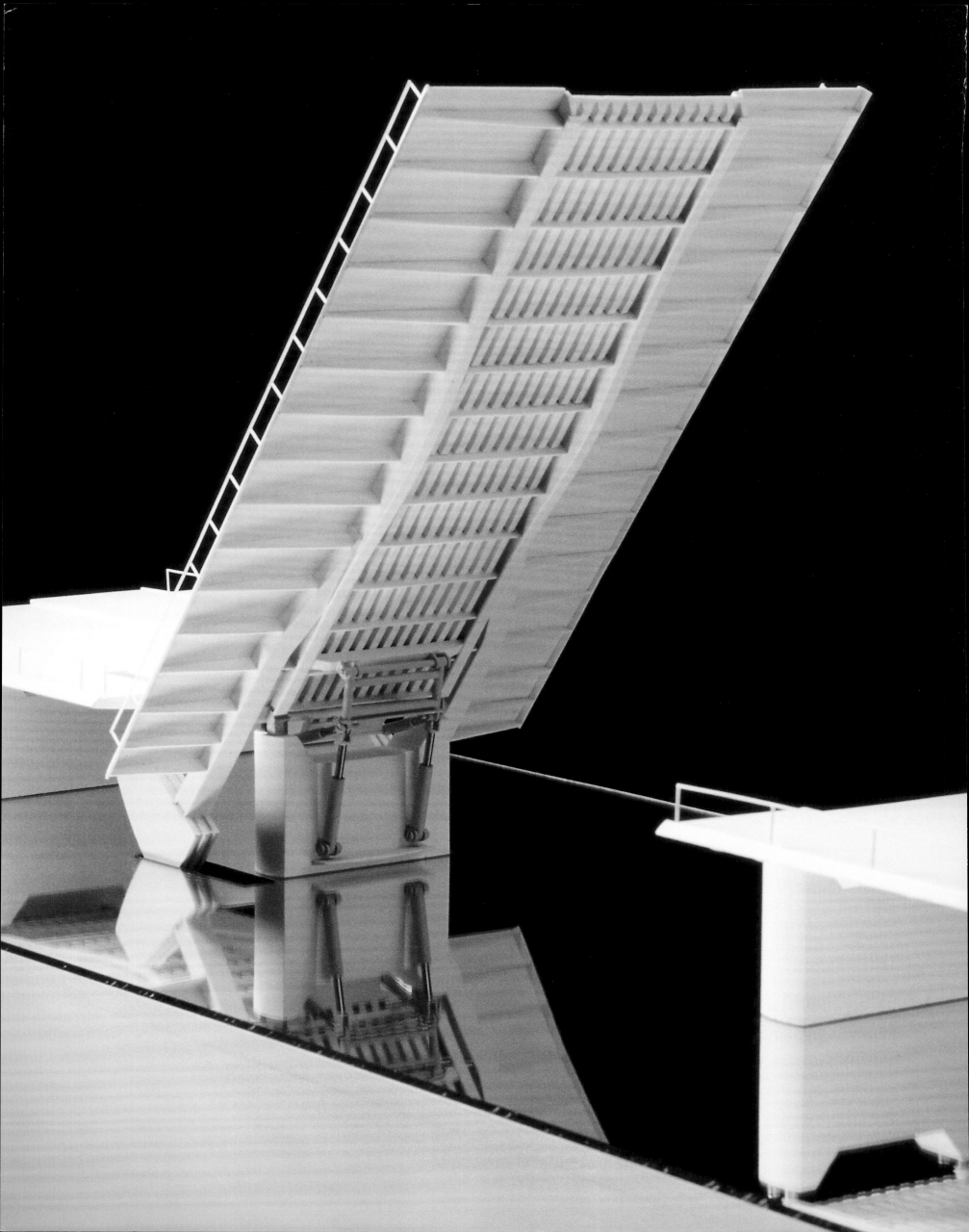

Bascule bridge at Sandtorkai in Hamburg: cross section, sketch
Klappbrücke am Sandtorkai in Hamburg: Querschnitt, Studie

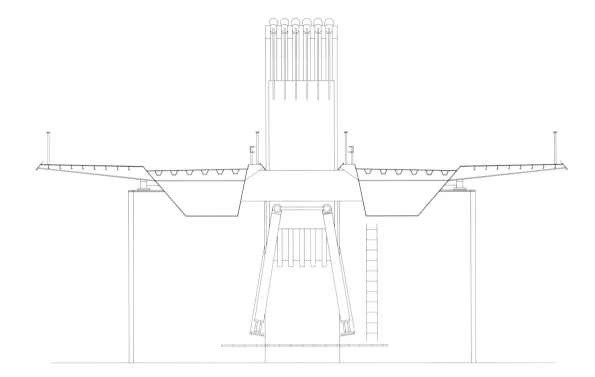

Bascule bridge at Sandtorkai in Hamburg: model
Klappbrücke am Sandtorkai in Hamburg: Modellstudie

Bascule bridge at Sandtorkai in Hamburg: the visible counterpoise is gradually submerged in the water as the bridge lifts, sketch
Klappbrücke am Sandtorkai in Hamburg: das sichtbare Gegengewicht taucht beim Hochklappen in das Wasser ein, Studie

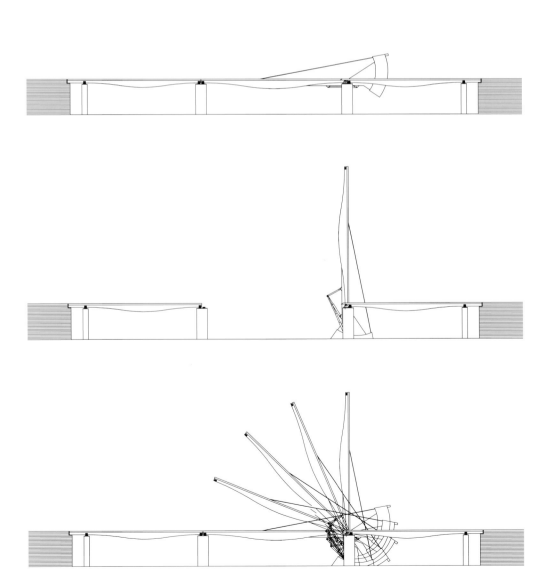

Principles of Lightweight Construction
Leichtbau als Prinzip

Die Betrachtung natürlicher Konstruktionen und die Betrachtung hochleistungsfähiger technischer Gebilde zeigt eine Gemeinsamkeit auf: die Sparsamkeit in der Verwendung der Mittel und die Sorgfältigkeit in der Verarbeitung. Werner Sobek sieht gerade hierin die ganz besondere Qualität des „Leicht Bauens". Und er weist immer wieder darauf hin, daß Sparsamkeit in der Verwendung der Mittel und höchste Sorgfalt in der Verarbeitung eigentlich eine zutiefst schwäbische Auffassung über den Umgang mit den Dingen, ja eine Geisteshaltung sind. Es ist diese Heimat, die ihn nachhaltig geprägt hat, und in der Firmen wie Mercedes-Benz, Porsche, Bosch und andere auf der Basis derselben Geisteshaltung zu Weltrang aufstiegen.

Für den entwerfenden Ingenieur bedeutet die Forderung nach einer gewichtsarmen Konstruktion zunächst eine deutliche Erschwernis seiner Aufgabe. Denn der Wunsch nach Leichtigkeit der tragenden Konstruktion entbindet ihn nicht von der stets vorhandenen Pflicht der Beachtung und Erfüllung der prinzipiell an ein Bauwerk zu stellenden Forderungen. Für den Architekten gilt ähnliches: Das Erzielen einer hohen Nutzungs- und Gestaltungsqualität wird durch die Besonderheiten hinsichtlich der im Leichtbau verwendeten Baustoffe, Fügetechniken und Bauteilformen üblicherweise nicht eben vereinfacht. Im Gegenteil: Leicht zu bauen in höchster architektonischer Qualität, und nur diese kann das Ziel sein, erfordert ein höchstes Maß an Arbeit, an planerischer Qualifikation, an Können aller beteiligten Bauschaffenden.

Im Bauwesen wurde bisher stets dann Leichtbau betrieben, wenn die Lohnkosten im Vergleich zu den Materialkosten niedrig waren oder wenn große Spannweiten zu überbrücken waren, eine Reduktion des Eigengewichts somit zwingende Voraussetzung zur Lösung des Problems wurde. Der Gesichtspunkt, die zu bewegenden Massen zu minimieren, der im Fahrzeugbau, im Schiffsbau und im Flugzeugbau zu einer sehr hoch entwickelten Leichtbautechnik führte, war im Bauwesen bis auf die Ausnahme weniger wandelbarer Dächer oder mobiler Bauten, wie Fest- und Veranstaltungszelte, bedeutungslos. Letztlich war der Leichtbau im Bauwesen gegen Ende der 70er Jahre unwichtig geworden. Durch die Art, wie Werner Sobek zu seiner Art des Bauens, zum Leichtbau, gefunden hatte, eröffneten sich für ihn jedoch völlig andere Zugänge und Sichtweisen.

Schon früh während seines Studiums hatte sich Werner Sobek mit Flugzeugbau und Fahrzeugbau beschäftigt. In seinen späteren

A study of natural structures, on the one hand, and of high-performance technical structures or products, on the other, reveals a common quality: the economical use of materials and their careful processing. In this phenomenon Werner Sobek sees the special quality of "lightweight construction". And he keeps emphasising that economy in the use of resources and extreme care in the processing of materials are really a deep-rooted characteristic of the Swabian people, even a weltanschauung. It is this regional homeland of Swabia which has imprinted itself indelibly on Werner Sobek and in which companies like Mercedes-Benz, Porsche, Bosch and others have prospered and achieved world-class status on the basis of the same mental attitude.

The requirement of a lightweight structure makes the design engineer's work initially more difficult because the desire for a lightweight load-bearing structure does not relieve him of the ever-present obligation to comply with the requirements which a building has to meet in principle. Architects face a similar problem: achieving a high level of quality in terms of usefulness and aesthetics is not usually made easier by the peculiarities of the materials, assembly techniques and component shapes used in lightweight construction. On the contrary: lightweight construction in the highest architectural quality – and only the latter can be our objective – requires an extremely large amount of work, design and planning competence and capability of all the professionals involved.

Lightweight construction has hitherto been used in building construction and civil engineering whenever the labour costs were low compared with the cost of the materials or where large spans had to be bridged and a reduction of the deadweight of the structure was essential to solving the problem. The idea of minimising the moved masses, which in automobile engineering, shipbuilding and the aerospace industry led to a highly developed lightweight construction technology, was of no importance in the building industry, except for a few convertible roofs or mobile buildings such as marquees. Towards the end of the Seventies, lightweight construction had eventually become insignificant in the building industry. Thanks to the manner in which Werner Sobek arrived at his own method of building, entirely different approaches and perspectives opened up for him.

Early in the course of his undergraduate studies, Werner Sobek had interested himself in aircraft and automobile engineering and this provided him with crucial stimuli in his later

⟨
Entrance foyer of Landeszentralbank in Munich: front façade with perforated sun shield louvres, detail
Eingangshalle der Landeszentralbank in München: Stirnfassade mit perforierten Sonnenschutzlamellen, Ausschnitt

Arbeiten bezog er hieraus wesentliche Impulse. Leider war der Fahrzeugbau mit dem Prinzip der selbsttragenden Karrosserie, bei der dünne Bleche durch entsprechende Formgebung, durch Aufbringen von Rippen und Aufbördeln freier Ränder zu hochleistungsfähigen Schalentragwerken verarbeitet wurden, hinsichtlich seiner technischen Leistungen auf das Bauwesen ohne Einfluß geblieben. Die Möglichkeit synergetischer Effekte erschien Werner Sobek jedoch zutiefst interessant. Immer wieder führte er deshalb, bereits in seinen ersten Arbeiten, Konstruktionsweisen aus dem Fahrzeugbau in seine Konstruktionen ein, solange, bis er schließlich 1995 zusammen mit Andreas Theilig ein ganzes Haus als Karosserie entwarf.

Ein Haus für das ‚Swatch-Auto'
Der Micro-Compact-Car MCC, mit Modellnamen SMART und wahrscheinlich unter der Bezeichnung ‚Swatch-Auto' besser bekannt, ist eine Gemeinschaftsentwicklung der Mercedes Benz AG und der Nicolaus Hajek Engineering. Neben dem revolutionären automobilistischen Konzept des Autos selbst sollte es auch mit völlig neuartigen Strategien hinsichtlich Verkauf und Wartung in den Markt eingeführt werden. Ein Teil dieses Konzepts sind eigenständige Verkaufshäuser mit integrierter Wartung, die in architektonisch nur leicht abgewandelter bzw. angepaßter Form in ganz Europa gebaut werden sollten. Gesucht war also das Haus für das SMART-Auto. Hierzu hatte die MCC-GmbH einen international eingeladenen zweistufigen Wettbewerb ausgeschrieben, den die Stuttgarter Architekten Ben Kauffmann und Andreas Theilig zusammen mit Werner Sobek als Tragwerksplaner gewannen. Der letztendlich leider nicht zur Ausführung gekommene Entwurf basierte auf der Idee, ein Autohaus in der Technologie des Autos selbst zu bauen. Das durch seine sehr prägnante architektonische Form und durch einen hohen Wiedererkennbarkeitswert gekennzeichnete Gebäude bestand aus einer torusförmigen Röhre, die auf einer Reihe von Einzelstützen stand. Die Röhre selbst bestand aus dünnem Blech, das durch innenliegende Rippen versteift wurde. Innerhalb der teilweise zweigeschossigen Röhre befanden sich ein Teil der vielfältigen Nutzungen des Gebäudes. Ein vorgespanntes und anschließend verglastes Seilnetz, das gegen die metallische Röhre verspannt war, überdachte den Innenraum.

work. Unfortunately, the technical achievements of the car industry e.g., the principle of monocoque body construction in which thin sheets of steel are transformed into high-performance load-bearing shell structures by suitable shaping, by attaching stiffening ribs or by flanging free edges, had had no effect on the building industry. Werner Sobek was, however, fascinated by the possibility of synergetic effects. Right from his first projects, he introduced construction methods into his building designs which were taken from the car industry until eventually, in 1995, he designed, together with Andreas Theilig, a whole house as if it were a car body.

A home for the "Swatch Car"
The Micro-Compact-Car MCC named SMART and probably better known as "Swatch Car", is a joint development of Mercedes Benz AG and Nicolaus Hajek Engineering. Apart from the revolutionary technical concept of the car itself, its launch on the market was to feature completely new strategies in terms of sales and servicing. One part of this marketing concept are independent showrooms complete with repair workshops, which are to be built in all European countries in an architecturally only slightly modified or adapted form. Therefore, the search was on for a home for the SMART Car. To this end, MCC-GmbH had invited architects to take part in a two-stage international competition, which was won by Stuttgart architects Ben Kauffmann and Andreas Theilig in collaboration with Werner Sobek, who designed the structural work. The design, which in the end was unfortunately not realised, was based on the idea of building, the house for the SMART car in the technology of the car itself. The building, which featured a very impressive architectural form and was easily recognised, consisted of a torus-shaped tube supported by a number of single columns. The torus itself was fabricated from thin sheetmetal stiffened by internal ribs. The tube, which was partly divided internally into two floors, provided some of the numerous utilities of the building. A prestressed and subsequently glazed cable net, which was anchored to the metallic tube, covered the internal space.

MCC Distribution Center: oblique view of elevation, photograph of model
MCC Distribution Center: Schrägaufsicht, Modellfoto

MCC Distribution Center: front view, photograph of model
MCC Distribution Center: Ansicht, Modellfoto

Verschiedene Arten, leicht zu bauen

In seinen Vorlesungen unterscheidet Werner Sobek drei grundlegend unterschiedliche Kategorien von Leichtbau, die beim Entwerfen von Leichtbaukonstruktionen auf unterschiedliche Art miteinander kombiniert werden: Materialleichtbau, Strukturleichtbau, Systemleichtbau. Alle drei Kategorien sollen nachfolgend kurz skizziert werden

Materialleichtbau

Unter Materialleichtbau versteht man die Verwendung von Baustoffen mit niedrigem spezifischen Gewicht. Präziser fassend, muß man das niedrige spezifische Gewicht in das Verhältnis zur Beanspruchbarkeit des Werkstoffs setzen. Hieraus resultiert ein Verhältniswert. Der bekannteste derartige Verhältniswert ist die Reißlänge, also diejenige Länge, unter der ein hängendes Bauteil unter seiner Eigengewichtsbelastung reißt. Natürlich ist die Reißlänge ein anschaulicher, für die technische Grundlegung des Entwerfens jedoch nutzloser Wert, da man üblicherweise nicht gegen Bruchspannungswerte, sondern beispielsweise gegen das Erreichen der Fließgrenze dimensioniert. Zusätzlich kommt gerade bei den Leichtbauwerkstoffen wie Kunststoffen oder Aluminiumlegierungen erschwerend hinzu, daß diese nicht nur gegen Spitzenwerte der Beanspruchung, sondern auch gegen ständig vorhandene Lasten, in ihrer zeitlichen Einwirkung zu akkumulieren Lastkollektive, gegen Grenzwerte der akkumulierten plastischen Deformationen etc. zu dimensionieren sind. Eine differenzierte Betrachtungsweise ist also nötig. Die Verhältnisse sind de facto komplexer, als die immer wieder in die Diskussion gebrachten einfachen Verhältniszahlen über die „Leistungsfähigkeit" von Werkstoffen dies suggerieren.

Strukturleichtbau

Geht man von der Ebene der Werkstoffe zu derjenigen der Bauteile und der aus ihnen zusammengesetzten Tragwerke über, so stellt hier der Strukturleichtbau die Aufgabe, eine gegebene Belastung mit einem Minimum an Eigengewicht der Konstruktion zu gegebenen Auflagerpunkten zu leiten. Es gilt also, geeignete Kräftepfade innerhalb eines üblicherweise durch Restriktionen beschränkten Entwurfsraumes zu entwickeln.
Scharf formuliert bedeutet extremer Strukturleichtbau die Lösung eines Minimierungs-,

Various ways of using lightweight construction

In his lectures, Werner Sobek distinguishes three fundamentally different categories of lightweight construction which are combined in different ways when designing lightweight structures: lightweight construction in terms of materials, in terms of structure, in terms of systems. All three categories will be briefly sketched below.

Lightweight materials

"Lightweight construction in terms of materials" describes the use of building materials which have a low specific density. To be more accurate, one should relate the low specific density to the load-bearing ability of the material. The result is a certain ratio. The best-known ratio of this nature is the breaking length, i.e., that length at which a suspended component will break as a result of its own weight. Although the breaking length is an easily understood value, it is useless with regard to the technical fundamentals of designing because an engineer will normally dimension components in relation to the yield strength, for instance, not the stress at failure. An additional difficulty arises, especially in the case of lightweight materials, such as plastics or aluminium alloys, that such materials should be dimmensioned not only with regard to peak load values but also in terms of permanent, constant loads, long-term cumulative loads, limits of cumulative plastic deformation, etc. A differentiated approach is therefore necessary. The relationships are in fact more complex than the repeatedly quoted simple ratios of material "performance" suggest.

Lightweight structures

As we progress from the level of materials to that of components and the load-bearing structures which are made up of components, structural lightweight construction poses the problem of transferring a given load to the bearing points using a minimum of structural weight. The task consists therefore in developing suitable force paths within a design scope that is usually limited by restrictions.
Or, formulated more precisely: the designing of extremely lightweight structures means solving a minimisation or optimisation problem within the context of a number of restrictions.

d.h. Optimierungsproblems unter Vorgabe einer Reihe von Restriktionen.

Zum Entwerfen gewichtsarmer Tragsysteme, die sich üblicherweise einem Entwurf „von Hand" entziehen, wurden in den vergangenen vier Jahrzehnten eine ganze Reihe von Methoden entwickelt, die man in summa als „Formfindungsmethoden" bezeichnet. Am Beginn der Entwicklung standen dabei experimentelle Methoden, denen alsbald mathematisch-numerische Methoden zur Seite gestellt wurden. Letztere konnten insbesondere durch die Entwicklungen im Bereich Computertechnik auf einen sehr hohen Stand entwickelt werden.

Den klassischen Formfindungsmethoden gemeinsam ist der Ansatz, die Form eines Tragwerks für einen, den sogenannten „formbestimmenden Lastfall", unter Ansatz einer oder mehrerer Restriktionen, wie z.B. der Forderung nach Gewichtsminimalität, zu entwickeln. Der Wahl des formbestimmenden Lastfalls fällt damit grundlegende Bedeutung zu. Im Bereich der relativ massiven Konstruktionen, wie z.B. den Betonschalen, wurde häufig der Lastfall Eigengewicht als dominanter und damit formbestimmender Lastfall angesetzt. Die Arbeiten von Heinz Isler sind schöne Beispiele hierfür. Gerade im extremen Leichtbau entfällt jedoch häufig die dominierende Wirkung des Lastfalls Eigengewicht, so daß aufgrund der wechselnden Laststellungen von Wind, Schnee etc. im Grunde eine Vielparameteroptimierung einzuführen wäre.

Eine weitere Besonderheit trifft man bei der Anwendung von Formfindungsverfahren aus der Gruppe der direkten Methoden, die neben den indirekten oder Deformationsmethoden einen wichtigen Teil der mathematisch-numerischen Verfahren darstellen. Bei diesen Methoden wird die Geometrie eines Tragwerks gesucht, das unter einem formbestimmenden Lastfall einen ganz bestimmten, vorgegebenen inneren Spannungszustand aufweist. Ein bekanntes Beispiel im Schalenbau ist hierfür die Suche nach den Isotensoiden, den Schalen gleicher Spannung. Prinzipiell ist aber die Existenz einer Lösung für ein derartiges Formfindungsproblem nicht vorherzusagen. Vielmehr stellt sich erst im Verlauf der Berechnungen heraus, ob das Problem keine, eine oder mehrere Lösungen besitzt. Im letzteren Fall läßt sich durch Hinzufügen der Forderung nach Gewichtsminimalität die „leichteste" Lösung ermitteln.

Sowohl die beim Wegfall der Dominanz des Lastfalls Eigengewicht auftretenden Probleme mit der Festlegung des formbestimmen-

To design lightweight structural systems which are usually beyond the scope of "manual" design techniques, a number of methods have been developed over the past four decades which may be summarised as "form-finding methods". This development started with experimental methods which were soon complemented by mathematical/numerical methods. Thanks to the development of computer technology, it has been possible to develop the latter methods to a very high level.

A characteristic which all classical form-finding methods share is to develop the shape of a load-bearing structure for a so-called "form-determining load case" by applying one or more restrictions, such as, for instance, the requirement of minimised weight. The choice of the form-determining load case therefore assumes a fundamental importance. In the case of relatively massive structures, such as concrete shells, the load case "deadweight" has frequently been used as the dominant and therefore form-determining load case. The work of Heinz Isler offers good examples of this. But especially in the context of extremely lightweight structures, the dominating effect of the "deadweight" load case is often ignored so that a multi-parameter optimisation method would have to be introduced because of the changing wind and snow loads.

A further peculiarity can be found when applying form-finding procedures which form part of the group of direct methods which, apart from the indirect or deformation methods, represent an important section of the mathematical/numerical methods. These methods try to find a structural geometry which exhibits a specified internal state of stress for a form-determining load case. A well-known example for this in the area of shell construction is the search for isotensoids, i.e., shells of equal stress. In principle, it is not possible, however, to predict the existence of a solution for such a form-finding problem. It is only in the course of the calculations that one finds whether a problem has one, several or no solutions. In the case of several solutions, the "lightest" solution can be calculated by including the requirement of minimised weight.

The problems associated with the definition of the form-determining load case when the dominance of the deadweight load case is eliminated, as well as the direct form-finding methods, which frequently are difficult to handle, result in a dramatic loss of transparency of the general design task associated with a building project. In the foreseeable future,

den Lastfalls wie auch die häufig nur schwierig handzuhabenden direkten Formfindungsmethoden führen dazu, daß die allgemeine, das Gesamtbauwerk betreffende Entwurfsaufgabe dramatisch an Transparenz verliert. Derartig komplexe Vorgehensweisen beim Entwurf erscheinen im Bauwesen deshalb auf absehbare Zeit nur für ausgewählte Fragestellungen als angemessen. Vielmehr erscheint es aus heutiger Sicht angebracht, die Schärfe einer Strukturoptimierung zugunsten einer deutlicheren Berücksichtigung architektonischer und konstruktiver Gesichtspunkte in ihrer gegenseitigen Abhängigkeit zu relativieren. Innerhalb des Tragwerksentwurfs gewinnt damit auch die Wahl des Prinzips der tragenden Konstruktion eine hohe Bedeutung. Der entwerfende Ingenieur wird dabei die Forderung nach möglichst geringem Eigengewicht häufig schon durch Beachtung der „Grundregeln des Strukturleichtbaus" relativ gut erfüllen können:

· Biegebeanspruchungen sind zu vermeiden
· Zugkräfte werden auch über lange Wege gewichtsarm geführt
· Druckkräfte sind über kurze Wege zu leiten, da ansonsten die Stabilitätsproblematik der Druckglieder zu unnötigen Mehrmassen führt
· Über lange Wege zu leitende Druckkräfte sind in selbststabilisierende Systeme einzubinden
· Flächige druckbeanspruchte Bauteile sind gegen Stabilitätsversagen durch geeignete Formgebung zu sichern
· Ein „Kurzschließen" der Kräfte innerhalb des Tragsystems führt in der Regel zu gewichtsarmen Tragwerken und, nebenbei, zu einfachen Fundationen.

Hinzu kommt der zumeist nicht bewußt gemachte Einfluß der für die Konstruktion angewandten Bauweise auf deren Gewicht.
In Werner Sobeks Arbeiten findet man einige interessante Anwendungen der Prinzipien des Strukturleichtbaus, insbesondere in den Überdachungen in Zaragoza, am Rothenbaum oder am Westfalenstadion. Oder auch in den nachfolgend näher geschilderten Bauten für die Landeszentralbank in München, den Treppen im Zentrum für Kunst und Medienwissenschaft oder dem neuen Flughafen in Bangkok.

Landeszentralbank in München
In einem relativ weit fortgeschrittenen Stadium der Gesamtplanung wurde Werner Sobek mit einem Neuentwurf der tragenden Kostruktion der Eingangshalle des Verwaltungs-

such complex design procedures therefore appear appropriate only for selected building projects. From our present perspective, it rather appears appropriate to stress the mutual dependence between the accuracy of structural optimisation and a clearer consideration of architectural and constructional aspects and to tilt the balance in favour of the latter. Within a structural design, the selection of the principle of a load-bearing structure thus becomes very important. The design engineer will frequently be able to meet the requirement of minimised structural deadweight by merely observing the "basic rules of lightweight structures":

· avoid bending
· tensile loads can be transferred even over long paths using lightweight components
· compressive forces should have short transfer paths to avoid stability problems in the compression members and unnecessary extra mass
· compression forces to be transferred over long paths should be linked into self-stabilising systems
· plate-like components subjected to compressive loads should be protected against buckling by suitable shaping
· "short-circuiting" the forces within a structural system usually results in a low-weight structure and, as an additional benefit, in simple foundations.

An added factor is the effect which the construction method used for the structure has on the weight of the latter; in most cases the design engineer is not conscious of this effect.
Among Werner Sobek's projects, we find some interesting applications of the principles of lightweight structures, especially in the roofs at Zaragoza, Hamburg (Am Rothenbaum) and at the Westfalenstadion, but also in the buildings described below: Landeszentralbank in Munich, the stairways in the Centre for Art and Media Science and the new international airport in Bangkok.

Landeszentralbank in Munich
At a time when the overall planning of the project had reached a relatively advanced stage, Werner Sobek was commissioned to design from scratch the entrance foyer of the administration centre of the State Central Bank in Munich. The external shape of the foyer had been decided. One feature of the geometrical terms of reference was that the drum was supported along one of its long

〈
Entrance foyer of Landeszentralbank in Munich: internal (partial) view
Eingangshalle der Landeszentralbank in München: Innenansicht, Ausschnitt

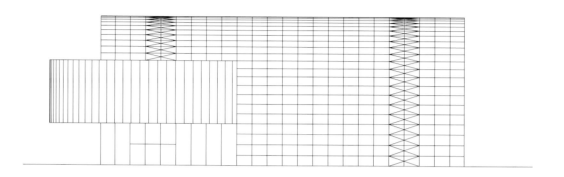

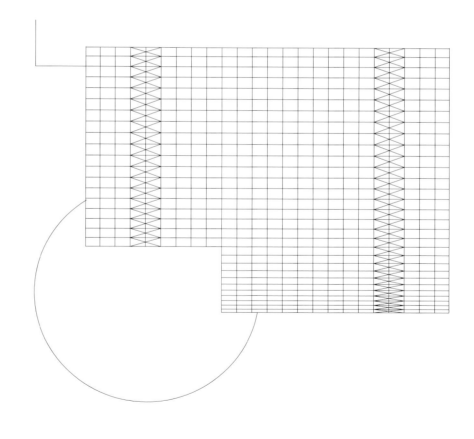

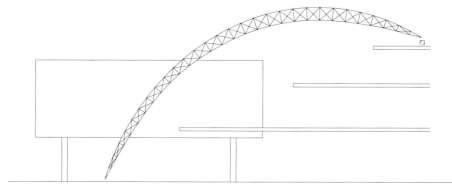

Entrance foyer of Landeszentralbank in Munich: structural frame of glazed hall, side and top views and section
Eingangshalle der Landeszentralbank in München: tragende Konstruktion der Glashalle, Ansicht, Aufsicht und Schnitt

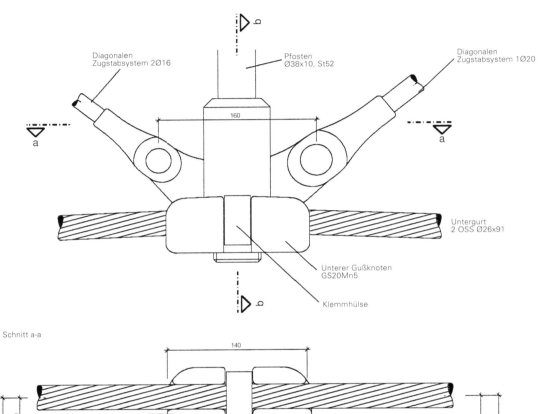

Schnitt a-a

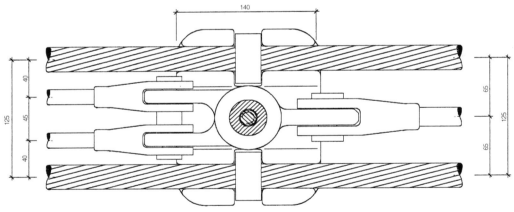

Schnitt b-b

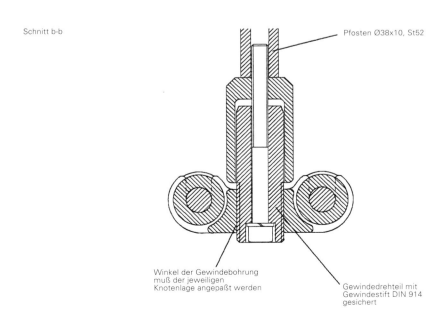

Entrance foyer of Landeszentralbank in Munich: detail of bracing of curved beams
Eingangshalle der Landeszentralbank in München: Detail der Unterspannung der Sicheltträger

Glazed cupola of the Deutsche Bank Hanover: view from below
Verglaste Kuppel für die Deutsche Bank Hannover: Blick von unten

zentrums der Landeszentralbank in München beauftragt. Die Außenform der Eingangshalle war fixiert. Charakteristisch für die geometrischen Randbedingungen war, daß sich die Tonne entlang einer Längskante auf dem Niveau des Fußbodens des Einganges abstützte, entlang ihrer zweiten Längskante jedoch auf der Decke über dem 4.OG aufzulagern war. Darüber hinaus schnitt sich ein zylinderförmiger Vortragssaal in die Tonne ein.

Werner Sobek schlug eine Lösung vor, bei der sich ein sehr filigranes und leichtes Tragwerk über den zu überdachenden Raum spannte. Die Verglasung sollte direkt auf die tragende Konstruktion erfolgen. Die Logik der tragenden Konstruktion, ihrer Ausformung sowie der Qualität der Detaillierung bestimmte den Bau. Das Tragwerk besteht aus einer Reihe parallel gestellter sichelförmiger Stahlfachwerkbinder, die durch wenige sekundäre Tragelemente zu einer Tonnenschale ergänzt werden. Die Sichelbinder spannen nahezu 30 m weit, haben jedoch nur eine maximale Bauhöhe von 1,15 m. Zudem sollten die Sichelträger keinerlei Stabilisierungselemente für die Untergurte besitzen. Ein Träger dieser Form wird aber unter den nicht zu vermeidenden asymmetrischen Belastungen Druckkräfte im Untergurt aufbauen. Diese Druckkräfte erfordern einerseits entsprechend voluminöse – da gegen Stabilitätsversagen zu dimensionierende – Untergurte und andererseits eine seitliche Stabilisierung eben dieser „kippgefährdeten" Untergurte: Die Untergurte wurde deshalb so hoch auf Zug vorgespannt, daß Druckkräfte infolge asymmetrischer Belastungen durch den Abbau von Zugkräften in diesen Untergurten aufgenommen werden konnten. Die Vorspannung der Untergurte wurde so hoch gewählt, daß unter Belastung stets ein Rest an Zugvorspannung übrigblieb. Auf die seitliche Stabilisierung der freiliegenden Untergurte der leichten Konstruktion konnte somit verzichtet werden.

Der Obergurte der Sichelbinder bestehen aus einem Flachstahlprofil 80 x 60 mm, die Fachwerkknoten bestehen aus Stahlguß. Alle Elemente der Konstruktion wurden in Nut-Feder-Verbindungen, die eine perfekte Axialität der Kraftübertragung gewährleisten, verschraubt. Die Verglasung wurde als Isolierglasscheiben mit Abmessungen von 1,55 x 1,20 m mit Kunststoffauflagerprofilen direkt auf die tragende Stahlkonstruktion montiert.

Ein Glasdach am Westfalenstadion
Für die Überdachung der Stadtbahnhaltestelle am Westfalenstadion bat Klaus Kafka Werner Sobek um den Entwurf einer großen vergla-

edges at the level of the foyer floor whilst along its other long edge it was to be supported by the ceiling above the 4th floor. In addition to that, a cylindrical lecture theatre projected into the drum.

Werner Sobek proposed a solution in which a very light and filigree-like structure spanned the space. The glazing was to be fixed directly to the load-bearing structure. The structure became the means of determining the architecture. The logic of the load-bearing structure, its shape and the quality of the detailing became a feature of the building.

The structure consists of a number of parallel curved steel lattice trusses which are complemented by a few secondary structural elements to form a drum-shaped shell. The curved trusses have a span of almost 30 metres with a maximum rise of only 1.15 m. Werner Sobek chose such slender trusses for design reasons. Also, the curved trusses were not to have any stabilising elements for the bottom flanges. A truss of this shape will, however, produce compressive forces in its bottom flange as a result of unavoidable asymmetrical loads. These compressive forces require, on the one hand, correspondingly voluminous bottom flanges (as these have to be dimensioned to prevent buckling) and, on the other hand, a lateral stabilisation of these bottom flanges, which are subject to the risk of buckling: Werner Sobek designed the bottom flanges as twin cables which were to be prestressed to such a degree that the compressive forces resulting from asymmetrical loads would be compensated by a reduction of the tensile forces in these bottom flanges. The design prestress of the bottom flanges was sufficient to leave residual tensile prestress under all load conditions. In this way, the necessity of a lateral stabilisation of the unsupported bottom flanges of this lightweight structure was eliminated.

The top flanges of the curved trusses consist of a flat steel section 80 mm by 60 mm; the lattice nodes are cast steel. All components of this structure were bolted together in the form of tongue-and-groove joints, which ensure perfect axial load transfer. The double-glazed glazing panels of 1.55 m by 1.20 m were directly fixed to the steel structure by using plastic bearing profiles. This method of fixation emphasised the visual lightness created by the very slender sections of the structure.

A glass roof for the Westfalenstadion urban railway station
Architects LTK had been commissioned to design the Westfalenstadion urban railway

Urban railway station Dortmund-Westfalenhalle: roof structure. The cantilevered barrel shell is reinforced along its edge by an aerofoil-like section which also incorporates the roof gutter.
Stadtbahnhaltestelle Dortmund-Westfalenhalle: Dachkonstruktion. Die frei auskragende Tonnenschale ist entlang ihres Randes mit einem tragflügelähnlichen Profil eingefaßt, in welches auch die Entwässerung integriert ist.

sten Dachkonstruktion. Die Grundrißgeometrie und die Tatsache, daß die Überdachung auf einer Reihe von Einzelstützen ruhen sollte, war bereits in der Objektplanung festgelegt worden. Das entwurfliche Problem bestand darin, eine leichte und transparente Konstruktion mit auskragenden Bereichen über eine verhältnismäßig große Spannweite auf Einzelstützen zu lagern. Die Lösung bestand darin, zwei leichte, jeweils tonnenförmige Stahlträgerroste aus verschweißten Rechteckhohlprofilen miteinander zu verschneiden. Leichte Fachwerkträger nehmen die Kräfte aus den Gitterschalen und setzen sie auf die Einzelstützen ab. Die gesamte auskragende Traufkante sowie die weit auskragenden Stirnbereiche der Überdachung wurden mit einem schlanken Hohlkastenträger mit Flügelprofilquerschnitt und integrierter Regenrinne eingefaßt. Die Verglasung erfolgte direkt auf die tragende Konstruktion.

station together with entrances and roof. Klaus Kafka, who at the time was Werner Sobek's colleague at the faculty of architecture of Hannover University, asked the latter to submit a design for a large glazed roof structure covering the entrances to the underground station. The geometry of the plan, and the fact that the roof was to be supported by a number of single columns, had been specified at the planning stage. The design problem consisted in having to support a lightweight and transparent structure with cantilevered areas over a relatively large span by means of single support columns. Werner Sobek solved the problem by intersecting two lightweight barrel-shaped steel lattice girders welded from rectangular box sections. Lightweight lattice girders transfer the forces from the grid shells to the single support columns. The entire cantilevered eave, as well as the widely projecting verges of the roof, were bordered by a slender hollow section girder of aerofoil cross-section with integrated gutter. The glazing panels were fixed directly to the load-bearing structure.

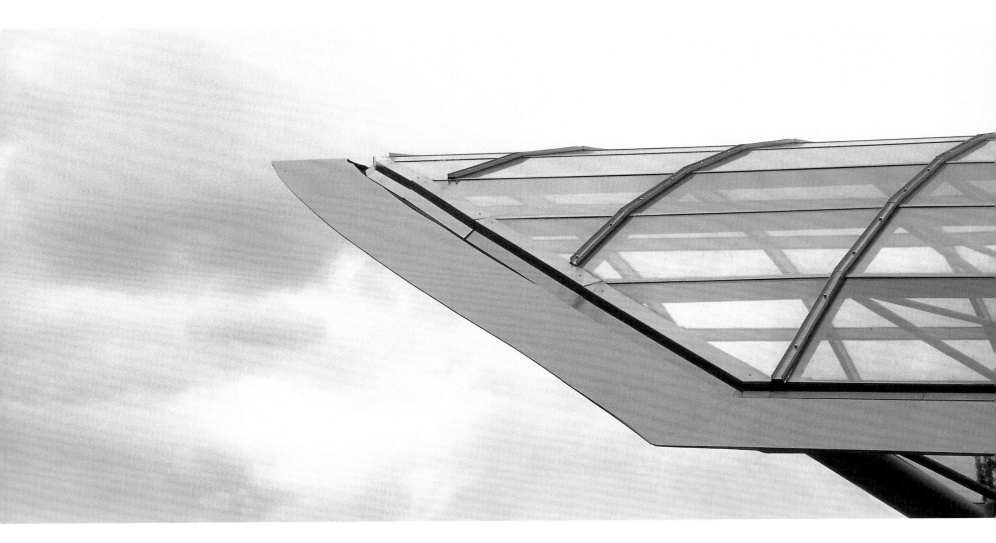

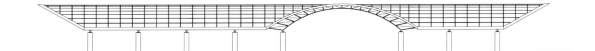

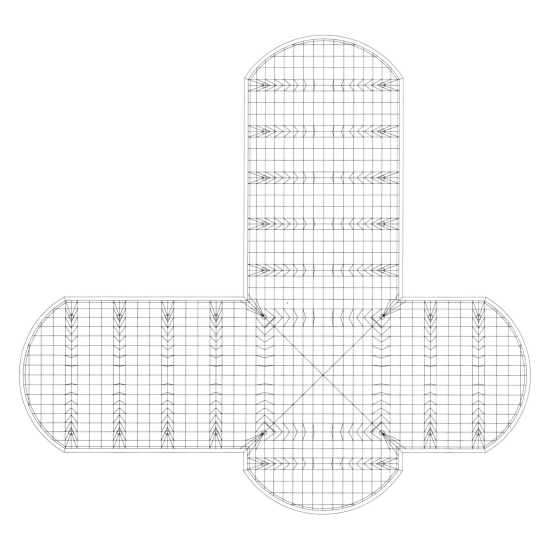

Urban railway station Dortmund-Westfalenhalle: roof structure, partial view
Stadtbahnhaltestelle Dortmund-Westfalenhalle: tragende Stahlkonstruktion, Aufsicht und Ansicht

Urban railway station Dortmund-Westfalenhalle:
structural steel frame, side and top views
Stadtbahnhaltestelle Dortmund-Westfalenhalle:
Dachkonstruktion, Ausschnitt

ZKM in Karlsruhe, cube: external (partial) view
ZKM in Karlsruhe, Kubus: Außenansicht, Ausschnitt

ZKM in Karlsruhe, atriums: internal view of the roof structure before the installation of stairs and footbridges
ZKM in Karlsruhe, Lichthöfe: Blick in die Dachkonstruktion vor dem Einbau der Treppen und Stege

Die Treppen im ZKM

Das Zentrum für Kunst und Medienwissenschaft ZKM entstand nach umfassenden Umbau- und Renovierungsarbeiten in der schon lange ungenutzten, am Rande des Zentrums von Karlsruhe gelegenen Waffen- und Munitionsfabrik IWKA. Ausgangspunkt der Planung einer Vielzahl von Stahl- und Stahl-Glaskonstruktionen war der 1992 von den Architekten Schweger und Partner in Zusammenarbeit mit Werner Sobek als Tragwerksplaner gewonnene Wettbewerb. Zuvor war das ebenfalls auf einen Wettbewerbsgewinn zurückgehende ZKM-Projekt von Rem Koolhaas, ein an einer anderen Stelle der Stadt geplanter großer Würfel, wegen der zu erwartenden Kostenüberschreitungen aufgegeben worden.

Der Entschluß, das ZKM nicht in einen Neubau, sondern in das ehemalige IWKA-Gebäude zu verlegen, bedeutete einen großen Raumgewinn und – das kann man aus heutiger Sicht sagen – eine große Leistung in der architektonisch gelungenen Umwidmung vorhandener Bausubstanz. Neben einer Renovierung der Fenster und Fassaden erhielt das insgesamt 312 m lange, 52 m breite und einschließlich der Dachgeschoße 25 m hohe Gebäude für alle seine 10 Lichthöfe neue Überdachungen sowie eine Vielzahl von Treppen und Brückeneinbauten. Ein verglaster Würfel steht als einziger Neubau richtungsgebend vor der alten Fabrikanlage.

Die Stahl-Glaskonstruktionen der neuen Überdachungen der Lichthöfe lehnen sich formal an die ursprünglichen Konstruktionen an, verwenden auch Elemente der ursprünglichen Konstruktion. Die wiederverwendeten Teile der bereichsweise stark beschädigten vorhandenen Träger waren zuvor metallurgisch und hinsichtlich ihrer Tragkapazität sorgfältig untersucht worden. In einzelne Bereiche der Dachverglasung wurden Photovoltaikelemente integriert.

Die von Werner Sobek entworfenen, ca. 20 m weit spannenden Treppen und Fußgängerstege in den Lichthöfen durchqueren diese in unterschiedlichen Höhen. Die Brücken dienen der ebenengleichen Durchquerung, die Treppen verbinden unterschiedliche Geschoße. Brücken und Treppen stellen eine Familie tragender Konstruktionen mit durchgehender Detaillierung dar. Beide Gruppen wurden als unterspannte Stahlkonstruktionen entworfen. Die oberen Gurte bestehen aus Stahlrohren, die Verspannungen aus Zugstäben. Die Knotenpunkte wurden in Stahlguß ausgeführt. Eine Reihe zusätzlicher Stahltreppen, die teilweise in die vorhandenen Treppenhäuser ein-

Stairways in the ZKM

The Centre for Art and Media Science (ZKM) was established after comprehensive rebuilding and renovation work in the IWKA weapons and munitions factory, which is situated on the outskirts of Karlsruhe and had fallen into disuse a long time ago. A competition won in 1992 by architects Schweger and Partners, in co-operation with Werner Sobek as structural design engineer, was the starting point for the design of a large number of steel/glass structures. Previously, a ZKM design submitted by Rem Koolhaas, a large cube which was to be built on another site in the city and had also won a competition, was abandoned because it exceeded the budgeted cost.

The decision to house the ZKM not in a new building but in the old IWKA factory resulted in a great gain of space and – as we can now say with hindsight – a great achievement in terms of an architecturally successful re-dedication of an existing building. Apart from the renovation of windows and façades, the building, which is 312 m long, 52 m wide and 25 m high (including attic floors), was equipped with new roofs for its 10 atriums and with a large number of stairs and footbridges. The only new building is a glazed cube, which is placed as a symbolic landmark in front of the old factory complex.

The glass/steel structures of the new atrium roofs are formally similar to the original structures and also use elements of the original structures. The reused sections of the partially badly damaged old girders had been carefully examined with regard to metallurgy and load-bearing capacity. Solar cells were built into some areas of the glazed roofs.

The stairways and footbridges built into the atriums, which were designed by Werner Sobek and have a span of 20 metres, cross these at various heights. The footbridges cross the atriums at the same level, whereas the stairs join different levels or floors. Footbridges and stairs represent a family of load-bearing structures featuring consistent detailing. Both groups of structures were designed as bottom-braced steel structures. The upper flanges consist of steel tubes and the braces and ties of tensile rods. The nodal points are cast steel. A number of additional steel stairs, some of which were built into existing stairwells, complement the structures, which all feature the same consistent design signature. The large cube in front of the old IWKA building consists of a steel structure which houses a concrete cube. Some of the glazed elements can be moved.

ZKM in Karlsruhe, atriums: one of the stairs
ZKM in Karlsruhe, Lichthöfe: eine der Treppen

ZKM Karlsruhe: underslung stairs and footbridges
ZKM Karlsruhe: unterspannte Treppen und Stege

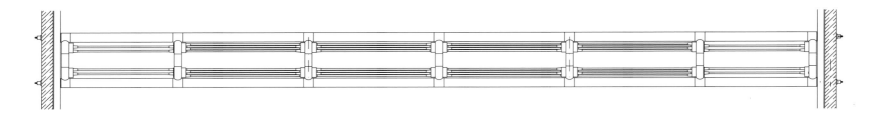

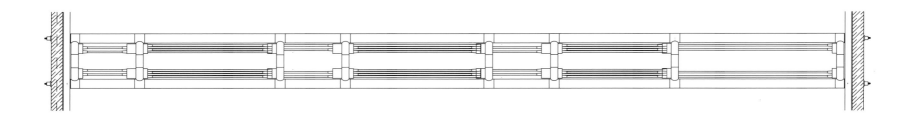

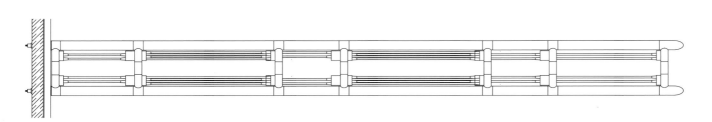

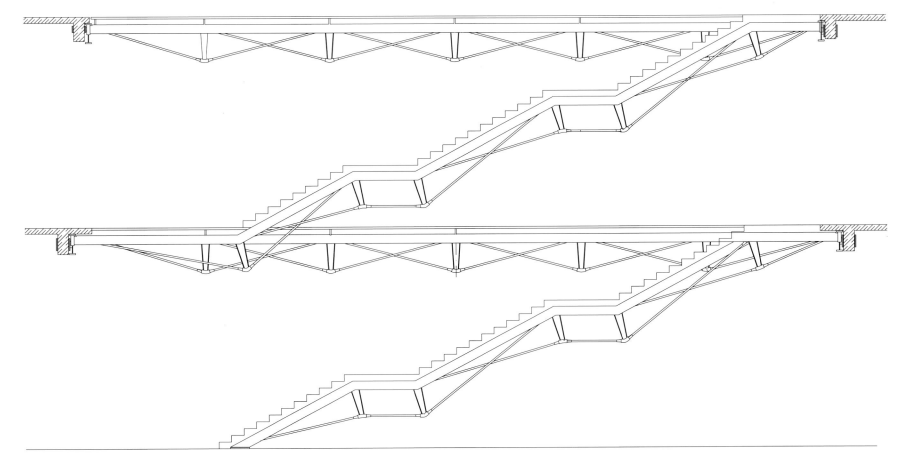

gebaut wurden, ergänzen die in einer durchgehenden Handschrift entworfenen Konstruktionen.

Der große Kubus vor dem alten IWKA-Gebäude besteht aus einer Stahlkonstruktion mit eingestelltem Betonquader und einer teilweise beweglichen Verglasung.

New Bangkok International Airport
Dies ist eines der wichtigsten Projekte im Büro von Werner Sobek in den Jahren 1997 und 1998, in denen das Gros der ingenieurmäßigen Bearbeitung erfolgte.

Der New Bangkok International Airport soll den alten Großflughafen von Bangkok ab dem Jahr 2003 ersetzen und dabei die Position von Bangkok als Drehscheibe für den internationalen Flugverkehr in dieser Region behaupten. In der ersten, zur Zeit zur Ausführung kommenden Ausbaustufe, bietet der neue Flughafen Fingerpositionen für insgesamt 60 wide-body Flugzeuge. Er ist damit größer als der Flughafen Frankfurt.

Das architektonische Konzept des Flughafens geht auf den von Helmut Jahn gewonnnen Wettbewerb zurück. Die Witterungsbedingungen in Thailand erlauben es, einen Teil der Funktionen außerhalb der konditionierten Räume unter ein großes, vor Sonne und Re-

New Bangkok International Airport
This is one of the most important projects for the Werner Sobek team for the years 1997–1998, during which most of the engineering design work was carried out.

The New Bangkok International Airport is to replace the old Bangkok airport by the year 2003 and thereby safeguard Bangkok's position as a centre for international air travel in this region. In the first – current – stage of construction, the new airport offers boarding gates for 60 wide-bodied aircraft. It is thus larger than Frankfurt airport.

The architectural concept for the airport is based on a competition won by Helmut Jahn. Climatic conditions in Thailand allow some of the functions to be accommodated outside the air-conditioned spaces in an open area protected against sun and rain by a roof. This thin and delicate roof, which can be seen from a great distance and floats at a height of 40 metres above the wide plain, is the architectural focus of the new airport. It has a length of almost 1000 metres and a width of c. 200 metres, and its edges appear as sharp as a knife edge. The roof rests on only 22 support columns, resulting in subsidiary beam spans (longitudinal) of 81 metres, main beam spans of 126 metres and cantilever lengths of

⟨
New Bangkok International Airport: view of the large roof from below, photograph of model
New Bangkok International Airport: Blick unter das große Dach, Modellfoto

New Bangkok International Airport: top view of entire complex, photograph of model
New Bangkok International Airport: Aufsicht auf die Gesamtanlage, Modellfoto

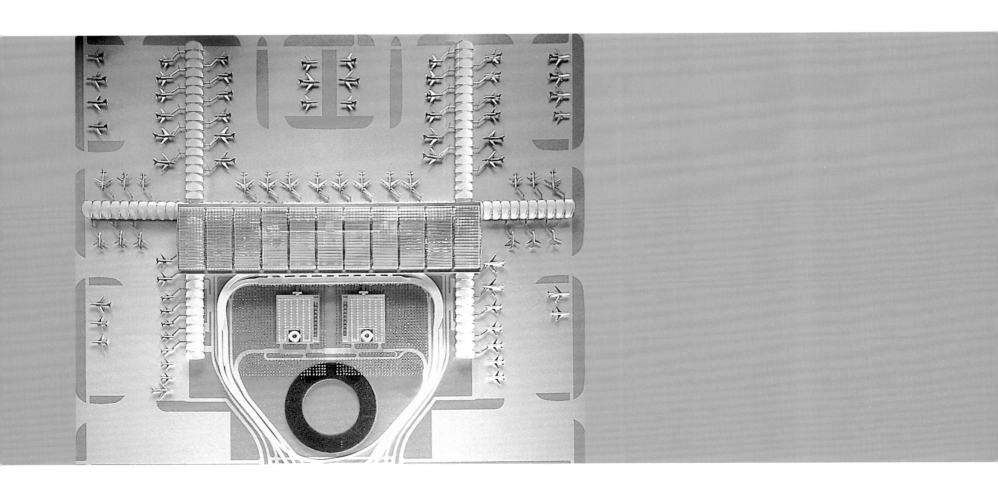

New Bangkok International Airport: top view of entire complex, without the large roof covering the terminal building, photograph of model
New Bangkok International Airport: Aufsicht auf die Gesamtanlage, ohne das große Dach über dem Terminal, Modellfoto

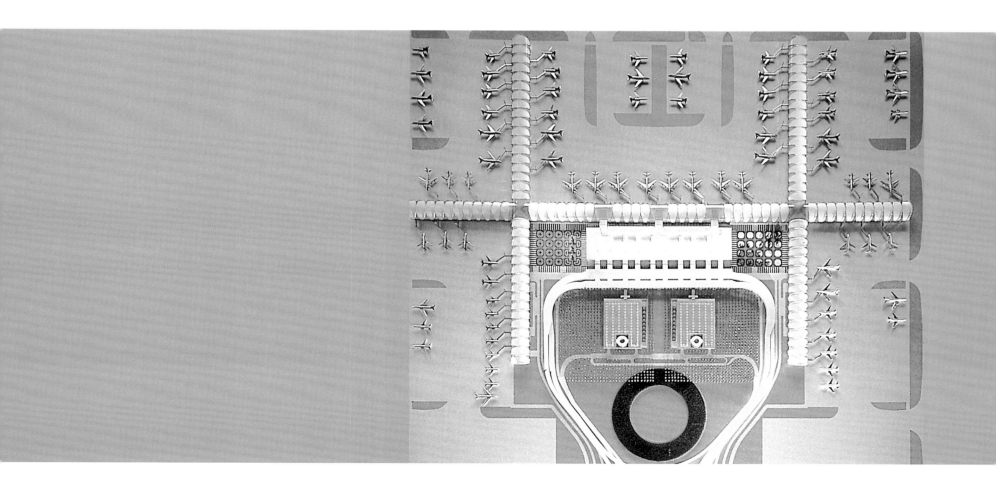

gen schützendes Dach zu legen. Dieses weithin sichtbare, in einer Höhe von 40 m über der weiten Ebene schwebende, dünne, an seinen Kanten nahezu messerscharf auslaufende Dach mit einer Länge von nahezu 1000 m und einer Breite von ca. 200 m ist das architektonisch bestimmende Element des neuen Flughafens. Das Dach ruht auf nur 22 Stützen, so daß Spannweiten für die in Längsrichtung liegenden Nebenträger von 81 m, von 126 m für die Hauptträger bei Kragarmlängen von 42 m entstehen. Diese Dachträger mit ihren unglaublichen Abmessungen wurden von Werner Sobek in einer ingenieurmäßig logischen, gleichzeitig jedoch eine wunderbare skulpturale Wirkung ergebenden Art entworfen. Dabei folgt die Bauhöhe der Träger dem Momentenverlauf des Einfeldträgers mit Kragarm. Die zur Vermeidung von Kipp-Problemen als Dreigurtfachwerkträger konzipierten Träger haben stets dort zwei Gurte, wo der Träger druckbeansprucht ist. Der zugbeanspruchte Bereich ist eingurtig. Infolge des beim Einfeldträgers mit Kragarm vorliegenden Wechsel der Druck- bzw. Zugkräfte vom Ober- in den Untergurt entsteht die formbestimmende Anordnung der Gurte. Die Dachhaut besteht aus großen Lamellen mit 5 m Breite und bis zu 27 m Länge in Titanblech-Leichtbauweise, der Konstruktionsweise von Flugzeugflügeln folgend.

Unter dem Dach befindet sich das Terminalgebäude mit Grundrißabmessungen von 400 x 100 m. Es ist vollkommen verglast, was durch die Schattierung infolge des darüberliegenden Daches möglich wird. Die Fassade des Terminals besteht aus 40 m hohen, seilverspannten Druckstützen, die durch horizontal angeordnete Seilbinder verbunden werden. Die Stahlkonstruktion der Fassade ist hinsichtlich Abmessungen und Tonnagen absolut minimiert und stellt sicherlich die Grenzen dessen dar, was man mit Stahl und Glas hinsichtlich Immaterialität und Transparenz erreichen kann.

Vom Terminal ausgehend, erschließen als concourses bezeichnete Röhren mit einer Gesamtlänge von 3200 m die Wege zu den Flugzeugen. Die im Querschnitt quasi-elliptischen concourses sind ca. 50 m breit und 25 m hoch. Sie bestehen aus einem System von Dreigurt-Fachwerkbögen, die als Primärstruktur dienen. Zwischen den Bögen spannt eine textile Membrane bis zu 27 m weit. Im unteren Bereich zwischen den Bögen ist die Fassade vollkommen verglast. Das Tragwerk für die Verglasung besteht aus seiluntersspannten Stäben, die eine linienförmige Lagerung der bedruckten Scheiben ermöglichen.

42 metres. These roof beams, with their incredible dimensions, were designed by Werner Sobek in a manner which, while logical in engineering terms, produces at the same time a wonderful sculptured impression. The height of these beams is adapted to the lines of moments applying to a single-span beam with cantilevered extension. To avoid tilting problems, the beams are designed as triple-flanged structures and feature two flanges only at points where they are subject to compressive loads. The section which is in tension is single-flanged. The arrangement of flanges is the result of the crossover of compressive and tensile forces from top to bottom flange which occurs in a single-span beam with cantilever extension. The roof skin consists of large aerofoil-like louvres 5 m wide and up to 27 m long, which are fabricated from lightweight titanium sheet in the same way as aircraft wings.

The terminal building is located below the roof and measures 400 m by 100 m. It is completely glazed, which was made possible because of the shading provided by the roof. The terminal façade consists of 40 m high cable-braced compression columns, which are connected by horizontal tie cables. The steel structure of the façade is absolutely minimised in terms of dimensions and mass and appears to represent the limits of what can be achieved with steel and glass in terms of transparency and visual weightlessness.

Starting from the terminal building, tubular concourses of a total length of 3200 metres provide access to the aircraft. These concourses of almost elliptical cross-section are approximately 50 m wide and 25 m high. They consist of a system of triple-flange lattice arches which serve as the primary structure. Between these arches, textile membranes are stretched with spans of up to 27 metres. In the lower area between the arches, the façade is completely glazed. The structure carrying the glazing consists of cable-braced members, which allow a linear arrangement of the printed glazing panels.

The textile covering of the concourses presented a problem, not only in respect of the spans of 27 metres, which are large in terms of the wind loads that have to be supported, but particularly with regard to the acoustic and thermal requirements which these components had to meet because of the close proximity of the concourses to the take-off runway, and because of the climatic conditions. At the same time, the designers did not wish to abandon the concept of a textile structure with its typical structural forms and

New Bangkok International Airport: top view of entire building complex. General layout drawing. The terminal building is located beneath the roof structure; the concourses link the terminal building with the aircraft structure. Schematic drawing
New Bangkok International Airport: Aufsicht auf das Gesamtbauwerk. Planübersichtszeichnung. Das Terminalgebäude befindet sich unter der Dachkonstruktion, die concourses verbinden das Terminal mit den Flugzeugen. Schematischer Entwurf

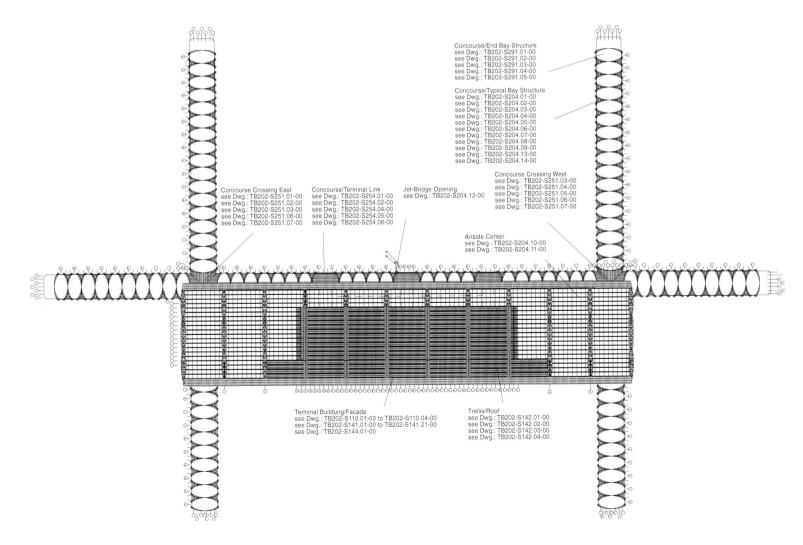

New Bangkok International Airport: top and side views of concourses, partial view
New Bangkok International Airport: Aufsicht und Ansicht der concourses, Ausschnitt

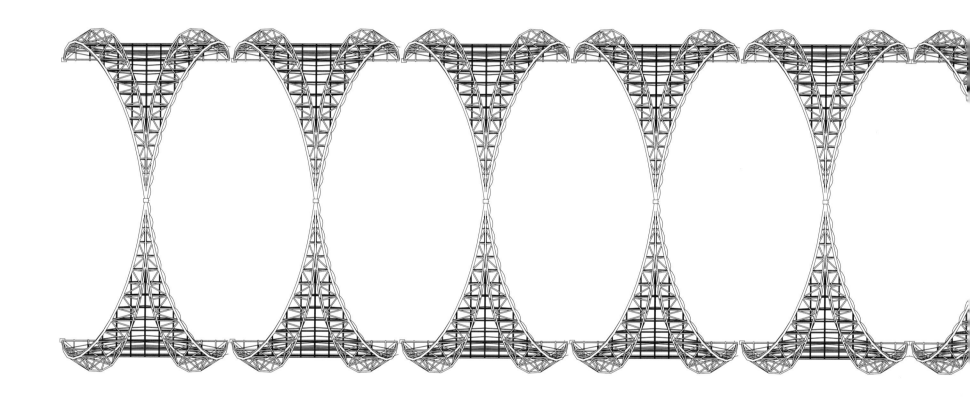

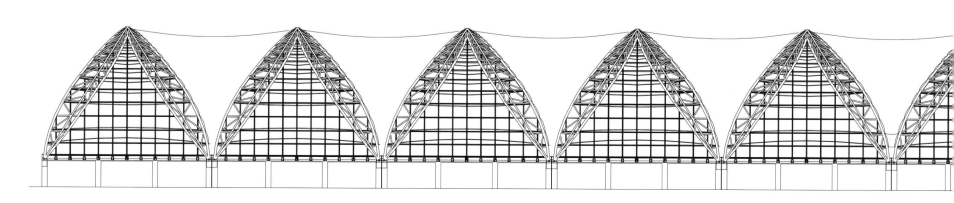

Die textile Bespannung der concourses stellte nicht nur hinsichtlich der für die vorliegenden Windlasten großen Spannweiten von 27 m eine schwieriges Problem dar, sondern insbesondere wegen der akustischen und thermischen Eigenschaften, die man diesen Bauteilen infolge der sehr nahe an den concourses liegenden Startbahn und der klimatischen Verhältnisse abverlangen mußte. Gleichzeitig wollte man jedoch eine textile Konstruktion mit der für diese typischen Konstruktionsformen und der Transluzenz dieser Werkstoffe beibehalten. Das Team Murphy/Jahn, Werner Sobek Ingenieure, Transsolar und Rainer Blum entwickelte schließlich eine weltweit patentierte dreilagige Membrankonstruktion, die alle Probleme unter Aufrechterhaltung der typisch textilen Eigenschaften der Konstruktion löste.

Bei der Erarbeitung der Konstruktionen für den neuen Flughafen in Bangkok und der zeitgleich erfolgten Arbeit an den Projekten Sony-Center und Charlemagne entwickelten Helmut Jahn und Werner Sobek dieses nur selten zu findende tiefe und selbstverständliche translucence of materials. The team comprising Murphy/Jahn, Werner Sobek Ingenieure, Transsolar and Rainer Blum eventually developed a triple-layer membrane, which was patented world-wide and solved all the problems while retaining the typical textile properties of this type of structure.

During the design work for the new Bangkok airport and the work carried out simultaneously on the Sony Center and Charlemagne projects, Helmut Jahn and Werner Sobek developed a rare and profound mutual understanding between architect and structural engineer, which subsequently resulted in a number of projects and buildings and in a close friendship. Helmut Jahn, to whom Werner Sobek is deeply indebted, co-operates with Werner Sobek nowadays on all important projects.

Lightweight structural systems

The term "lightweight structural systems" describes a principle which combines in a component the load-transfer function with

Expo 2000 Hannover: steel footbridge, view of elevation. photograph of model
Expo 2000 Hannover: Fußgängerbrücke aus Stahl, Ansicht, Modellfoto

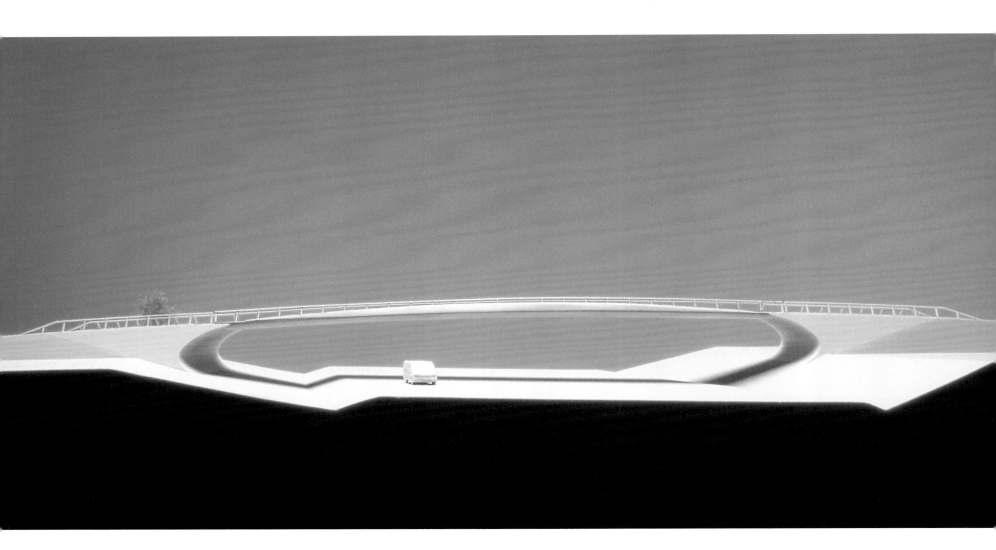

Sich-Verstehen zwischen Architekt und Ingenieur, das daraufhin zu einer ganzen Reihe von Entwürfen und Bauwerken geführt hat – und zu einer großen Freundschaft. Helmut Jahn, dem Werner Sobek viel zu verdanken hat, baut heute in allen seinen wichtigen Projekten mit Werner Sobek.

Systemleichtbau

Unter Systemleichtbau versteht man das Prinzip, in einem Bauteil neben der lastabtragenden auch noch andere Funktionen wie z.B. Raumabschluß, Wärmedämmung etc. zu vereinigen. Ein derartiges Prinzip wird im Bauwesen schon immer unausgesprochen und selbstverständlich für eine Reihe von Bauteilen angewendet: Decken und Wände sind klassische multifunktionale Tragelemente. Die Bewußtmachung des Prinzips weist jedoch sofort auf neue Möglichkeiten hin, z.B. auf die Beteiligung der Glaseindeckung filigraner Stabkuppeln an der Lastabtragung, ähnlich der Kraftfahrzeugtechnik, in der zunehmend die Fenster gezielt als aussteifende other functions, such as space enclosure, heat insulation, etc. Such a principle has always been applied as a matter of course in building construction to a number of components; ceilings and walls are classic examples of multi-functional structural elements. As we become conscious of this principle, we immediately perceive new possibilities, such as using the glazing of delicate geodesic domes to transfer loads, similar to the methods employed in the car industry, where glass areas are increasingly used as stiffening elements. Lightweight structural systems are used in the car industry in the form of monocoque car bodies that combine the functions of "space enclosure" and load-bearing structure, as well as in the aircraft industry, where, for example, the skins of aircraft wings fulfil structural and aerodynamic functions; sometimes the enclosed spaces formed by the wing structure are used as fuel tanks. The "house" for the Swatch Car or the Time-Tunnel are simple examples of the way Werner Sobek uses and adapts these methods of construction in his building projects. In addition, he has

Expo 2000 Hannover: steel footbridge, oblique view, photograph of model
Expo 2000 Hannover: Fußgängerbrücke aus Stahl, Schrägaufsicht, Modellfoto

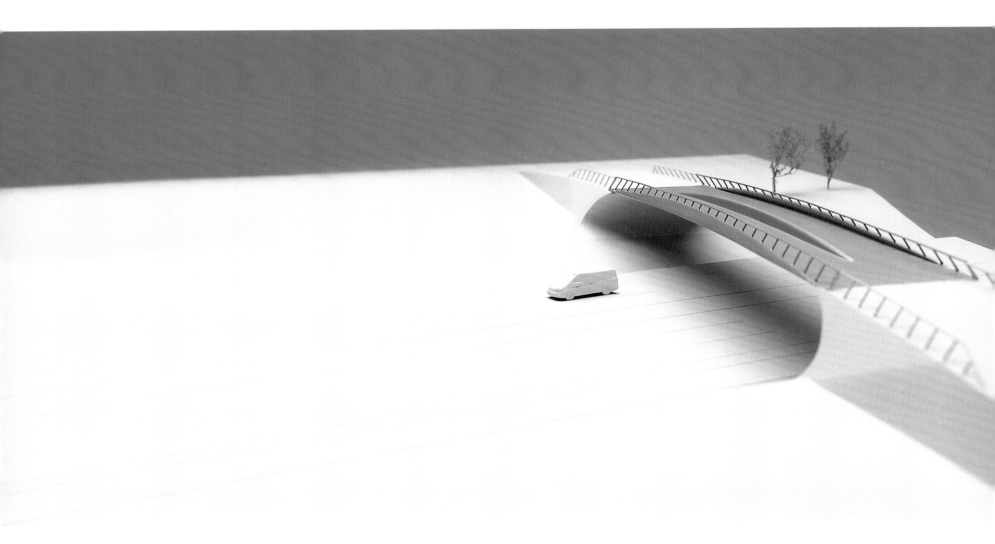

Elemente herangezogen werden. Systemleichtbau wird in der Kraftfahrzeugtechnik bei den selbsttragenden Karosserien, die „Raumabschluß" und Tragwerk in sich vereinen, genauso wie im Flugzeugbau angewendet, wo beispielsweise die Beplankungen der Flügel aerodynamische und statische Funktionen zu erfüllen haben; teilweise werden die durch die Tragkonstruktion der Flügel gebildeten Zellen als Treibstofftanks genutzt. Das Haus für das ‚Swatch-Auto' oder der Time-Tunnel sind einfache Beispiele dafür, wie Werner Sobek diese Konstruktionsmethoden in seinen Bauten umsetzt. Darüber hinaus entwickelte er, gerade in Entwürfen und Bauten mit Helmut Jahn, eine Reihe von Konstruktionen, in denen er das Prinzip der tragenden Haut aus Blech nach dem Prinzip der stressed-skin des Flugzeugbaus in eine ungeahnte architektonische Erscheinungsform führte.

Leichtbauanforderungen wie im Flugzeugbau: Flughafen Shanghai
1995 wurde Helmut Jahn zur Teilnahme am Wettbewerb für den neuen Shanghai-Pudong developed, especially in the designs and buildings created in co-operation with Helmut Jahn, a number of structures in which the principle of a structural metal skin – based on the stressed-skin technology used in the aircraft industry – has led to previously unimaginable architectural designs.

Lightweight construction requirements as used in the aircraft industry: Shanghai Airport
In 1995 Helmut Jahn was invited to participate in an architectural competition for the new Shanghai-Pudong International Airport. Helmut Jahn's design provided for a large terminal building with completely glazed elevations and long straight tubes connected to it. The latter led to the gates and provided for a variety of uses.
At that time, Helmut Jahn and Werner Sobek already held frequent meetings which were typical: alone, they sat together for many hours to develop various designs or to work on buildings which were under construction. Werner Sobek had brought with him a de-

Transrapid-Station Schwerin: view of elevation, photograph of model
Transrapidbahnhof Schwerin: Ansicht, Modellfoto

International Airport eingeladen. Helmut Jahns Entwurf sah ein großes, an den Seitenflächen vollkommen verglastes Terminalgebäude vor, an das lange lineare Röhren angelagert wurden. Letztere führten hinaus zu den Flugsteigen und beinhalteten eine Vielzahl unterschiedlichster Nutzungen.

Zum damaligen Zeitpunkt saßen Helmut Jahn und Werner Sobek bereits in engen zeitlichen Abständen in den für die beiden typischen Treffen jeweils für viele Stunden allein zusammen, um unterschiedlichste Entwürfe zu entwickeln oder um an den in der Ausführung befindlichen Bauten zu arbeiten. Werner Sobek hatte einen zuvor im Flugzeug konzipierten Entwurf für das Dach und die Fassaden des Terminalgebäudes mitgebracht: Zwei lange, auf geneigten Stützen gestellte Röhren, aus denen extrem schlanke, die eigentliche Dachfläche bildende metallische Scheiben auskragten. Im Querschnitt erinnerte die Konstruktion an zwei nebeneinandergestellte Flugzeuge. Und in der Tat sah Werner Sobek die beiden langen Röhren jeweils als Fuselage, als Flugzeugrumpf, aus dem die Dächer sign for the roof and terminal building façades which he had just sketched on the aeroplane: two long tubes supported by inclined columns, from which metallic discs were cantilevered to form the roof area. In cross-section, the structure resembled two aircraft standing side by side. And indeed Werner Sobek regarded the two long tubes as aircraft fuselages from which the roofs were cantilevered in the manner of an aircraft wing. The cantilevered length of the roofs was an enormous 50 metres, which, of course, called for special structural measures in the façade area, owing to the deformation caused by wind load. As happened so frequently in their collaboration, Helmut Jahn's ideas on the terminal, his overall concept and, for example, the designs for the concourses, perfectly matched Werner Sobek's thoughts on the structural shaping of the load-bearing structure which formed the actual substance of the building, without any previous discussions having taken place.

Transrapid-Station Schwerin: top view, photograph of model
Transrapidbahnhof Schwerin. Aufsicht, Modellfoto

in der Konstruktionsweise eines Flugzeugflügels auskragten. Die Dächer erreichten die enorme Kraglänge von 50 m, was natürlich, aufgrund der damit verbundenen Verformungen unter Wind, im Bereich der Fassaden besondere konstruktive Maßnahmen erforderte. Wie so häufig in der Arbeit der beiden paßten, ohne vorherige Abstimmung, Helmut Jahns Überlegungen zum Terminal, sein Gesamtkonzept und seine Entwürfe, beispielsweise für die concourses, und Werner Sobeks Gedanken zur strukturellen Ausformung der die eigentliche Baumasse bildenden Tragkonstruktion perfekt zusammen.

Recyclinggerechtes Konstruieren

Die Grundhaltung, mit den der Menschheit zur Verfügung stehenden Ressourcen im Hinblick auf die Aufrechterhaltung der Belebbarkeit der Erde sparsamst umzugehen, hat sich im Bauwesen wie in der übrigen Gesellschaft trotz wichtiger Arbeiten und Erfolge Einzelner noch nicht auf breiter Basis durchgesetzt. Für Werner Sobek ist der schonende und sorgfältige Umgang mit den Ressourcen aber zwingend. Er hat das recyclinggerechte Konstruieren schon sehr früh als festen und selbstverständlichen Bestandteil in seine Vorlesungen über das Entwerfen und Konstruieren eingeführt. Er spricht dabei stets vom Zusammenbauen eines Gebäudes als einem Komponieren und vom De-Komponieren als dem geordneten Auseinanderbauen und Rezyklieren. Komponieren und Dekomponieren sind gleichwertige Vorgänge.

Das Bauwesen zeichnet sich durch eine extrem komplexe Vermengung unterschiedlichster Werkstoffe aus. Es erschien somit zunächst sehr schwer, eine allgemeingültige gedankliche Grundlage für ein recyclinggerechtes Konstruieren zu entwickeln. Gleichzeitig galt für Werner Sobek die Voraussetzung, daß ein derartiges Konzept reibungsfrei in ein noch zu entwickelndes Konzept für das werkstoffübergreifende Entwerfen, Konstruieren und Bemessen einzubinden war. Beides war im Bauwesen jedoch noch nicht vorhanden.

Der Bauweisenbegriff

In der Diskussion des Material-, Struktur- und Systemleichtbaus geht man üblicherweise noch nicht in der eigentlich erforderlichen rigorosen Tiefe auf die konstruktive Durchbildung und insbesondere die Detaillierung der Bauteile ein. Andererseits ist sofort ersichtlich, daß gerade hier, wo neben den Überle-

Designing for recycling

The basic attitude that the resources available to man must be used economically to ensure the survival of mankind has so far not been adopted on a broad basis in either building construction or other areas of human activity, despite the important work and success of a few individuals. For Werner Sobek, however, the careful and economical use of resources is obligatory. At an early stage, he introduced "design for recycling" as an inseparable and natural constituent into his lectures on design and construction. He regards the construction of a building as a process of "assembling" and the orderly dismantling and recycling of the same as "disassembling". In his view, the "assembling" and "disassembling" of a building are equivalent processes.

The building industry is characterised by an extremely complex mixture of different materials. Initially, it appeared therefore difficult to develop an intellectual foundation for recycling-friendly design which could be generally applicable. At the same time, Werner Sobek was convinced that such a concept had to be linked smoothly into another concept which still had to be developed and would embrace design, construction and dimensioning, and would cover all materials. Neither existed, however, as yet in the building industry.

The term "Methods of construction"

In discussing lightweight construction in terms of materials, structures or systems, we usually do not treat the engineering design, and especially the detailing of components, with the required rigorous thoroughness. On the other hand, it is immediately obvious that especially in this area – where, apart from considerations concerning the load-bearing structure and its appearance, manufacturing, assembly and recycling aspects have to be incorporated into the design – the latter will be considerably influenced by the relevance of weight or mass.

It is essential in lightweight construction to use the most suitable material at a particular point in a structure, which usually results in a continual combination of the most various building materials. Especially in this situation, the absence of a structural, design and dimensioning theory embracing all materials (e.g., glass, plastics, aluminium, etc.) in the construction industry proved to be a serious disadvantage for the realisation of lightweight and novel structures.

gungen zum Tragwerk und seiner Erscheinungsform auch Überlegungen zur Fertigung, Montage und zum Recycling in den Entwurf einzubinden sind, erhebliche eigengewichtsrelevante Einflüße auf den Entwurf vorhanden sind.

Im Leichtbau ist es zwingend, den jeweils optimal geeigneten Werkstoff an entsprechender Stelle der Konstruktion zu plazieren, was üblicherweise zu einer ständigen Kombination unterschiedlichster Baustoffe führt. Gerade in dieser Situation erwies sich nun das Fehlen einer alle Werkstoffe (Glas, Kunststoffe, Aluminium etc.) umfassenden und des weiteren auch werkstoffübergreifenden Konstruktions-, Entwurfs- und Bemessungslehre innerhalb des Bauwesens als für die Durchsetzung leichter und neuartiger Tragwerke schwerwiegender Nachteil.

In dem Bemühen, das Leicht-Bauen als wissenschaftliche Disziplin im Bauwesen zu verankern, führte Werner Sobek 1990 den beispielsweise in der Flugzeug- und Kraftfahrzeugtechnik bereits angewandten Bauweisenbegriff in das Bauwesen ein. Damit wurde eine Disziplinen übergreifende Terminologie geschaffen und der einfachere Transfer von Wissen möglich. Zusätzlich bekam die Disziplin innerhalb des Bauwesens eine wissenschaftliche Grundstruktur. Als Bauweise wird dabei die Art und Weise bezeichnet, in der einzelne Werkstoffe geformt und miteinander zu Bauteilen (höhere Fügungsebene: Tragwerke) verbunden werden.

Die Einteilung in Differentialbauweisen, Integralbauweisen, Integrierende Bauweisen und Verbundbauweisen wurde zur Grundlegung für werkstoffübergreifendes Entwerfen und Konstruieren. Sie erlaubt eine schnelle Bewertung der statisch-konstruktiven Eigenschaften eines Bauteils sowie seiner Besonderheiten hinsichtlich Montage und, im Bauwesen schon lange überfällig, seines Demontage- und seines prinzipiellen Rezyklierverhaltens.

Differentialbauweisen

Ein in Differentialbauweise hergestelltes Bauteil besteht aus mehreren, für sich jeweils vergleichsweise einfach gestalteten Elementen. Die gegebenenfalls aus unterschiedlichen Werkstoffen bestehenden Elemente werden durch punktförmige Verbindungen wie Schrauben, Nägel, Nieten, Nähen und Punktschweißen zu Bauteilen gefügt. Die punktuelle Fügung ist prinzipiell mit zum Teil erheblichen Spannungskonzentrationen im Verbindungsbereich verbunden, ein Effekt,

In his efforts to establish lightweight construction as a scientific discipline in civil engineering, Werner Sobek introduced in 1990 the term "methods of construction", which was already being used in the aircraft and car industries. This created a terminology which transcended the various engineering disciplines and facilitated the transfer of knowledge. In addition, the discipline was given a scientific foundation within civil engineering. The term "method of construction" describes the way in which individual materials are shaped and combined to form components (or, at a higher level, load-bearing structures).

The categorisation into differential, integral, integrating and composite methods of construction became the basis for a design and construction theory which embraces all materials. It allows a quick evaluation of the structural/engineering properties of a component and its peculiarities in terms of assembly and – something that has been long overdue in the building industry – in terms of its disassembly and basic recyclability.

Differential methods of construction

A component which has been manufactured using the differential method of construction consists of a number of elements which individually are of comparatively simple design. These elements, which may be made from different materials, are assembled using point-like joints or fasteners such as screws, bolts, nails, rivets, spot welds or sewn joints. This point-like fixation or jointing normally results in a considerable stress concentration in the joint area, an effect which should naturally be avoided in lightweight construction. Such stress concentration can, however, be avoided only by using the more costly application of a large number of fixing points, each of which can be dimensioned to be less strong, as in the case of rivets used in aircraft construction. The fundamental structural/constructional disadvantage of stress concentration is balanced by the advantages of easy assembly – even on site – and optimum adaptability to the requirement profile of the components and assemblies, which may consist of different materials and semi-finished products. The dismantling and recycling behaviour of structures built by using the differential method of construction is fundamentally advantageous, as point-like fixings can be easily separated and the subsequent sorting of the single-material elements or components presents no problems.

den man im Leichtbau natürlich vermeiden will. Abhilfe schafft hier aber nur das kostenaufwendigere Plazieren einer Vielzahl für sich jeweils schwächer zu dimensionierender Verbindungspunkte, so wie dies beispielsweise beim Nieten im Flugzeugbau gemacht wird. Dem grundlegenden statisch-konstruktiven Nachteil der Spannungskonzentration stehen die Vorteile der einfachen Fügung, auch auf der Baustelle, und der optimalen Anpaßbarkeit der auch aus unterschiedlichen Werkstoffen und Halbzeugen bestehenden Bauelemente an das jeweilige Anforderungsprofil entgegen. Demontage- und Rezyklierverhalten in Differentialbauweise erstellter Tragwerke sind grundsätzlich vorteilhaft, da punktuelle Verbindungen leicht lösbar sind und die anschließende Sortierung der Einstoff-Elemente einfach ist.

Integralbauweisen

Ein in Integralbauweise hergestelltes Bauteil ist ein zu einem Stück geformtes Einstoff-Bauteil. Mit entsprechenden Technologien

Integral methods of construction

A component manufactured by using an integral method of construction is a single-material component formed into a single unit. By using appropriate technologies, such as casting, forging, extruding, cutting, etc., components of very complex shapes can be produced. The component geometry and wall thickness can be optimised with regard to the lines of force, allowing a very homogeneous utilisation of the material while virtually eliminating any stress concentrations within the component. A component manufactured by using the integral method of construction does not normally have any crack-resistant properties inherent in its structure. Whereas, in a component manufactured by the differential method, a crack resulting from excessive loading or a material defect may not develop beyond a bore or drill hole area, it will frequently travel further in a component produced by the integral method. In most cases component failure is the result.

New Airport Shanghai-Pudong: front view, photograph of model
New Airport Shanghai-Pudong: Ansicht, Modellfoto

wie Gießen, Schmieden, Extrudieren, spanabhebender Bearbeitung etc. können dabei sehr kompliziert geformte Bauteile hergestellt werden. Bauteilgeometrie und Wandstärkenverlauf sind optimal an den Kraftfluß anpaßbar, wodurch eine sehr homogene Werkstoffausnutzung unter nahezu völligem Ausschluß von Spannungskonzentrationen innerhalb des Bauteils erzielt wird. Ein in Integralbauweise hergestelltes Bauteil besitzt üblicherweise keine strukturimmanenten rißstoppenden Eigenschaften. Während ein durch Überbeanspruchung oder einen Materialfehler entstandener Riß bei einem in Differentialbauweise erstellten Bauteil teilweise im Bereich der Bohrungen stehenbleiben kann, läuft er bei in Integralbauweise gefertigten Bauteilen häufig weiter. Dies ist zumeist mit einem Versagen des Bauteils verbunden.

Integrierende Bauweisen

Die für die Integralbauweisen verwendeten Herstellungstechnologien bedeuten Restriktionen in den Abmessungen der Bauteile, ein Nachteil, der bei den integrierenden Bauweisen, bei denen mehrere Bauelemente zu einem quasi-homogenen Bauteil zusammengefügt werden, umgangen wird. Die Fügung erfolgt über Kleben, Leimen, Schweißen, wobei bei allen diesen Fügetechniken durch geeignete Ausformung der Verbindungszone ein weitestgehend homogener Kraftfluß innerhalb des Bauteils erzielt werden kann. Ziel ist es demnach, die Vorteile der Differentialbauweise, also ein einfaches Herstellen komplexer Bauteile durch Zusammenfügen aus mehreren einfach herstellbaren Elementen, mit den Vorteilen der Integralbauweise, nämlich dem homogenen Kraftfluß innerhalb des Bauteils, zu kombinieren.

Das Rezyklierverhalten ist je nach Fügungsart unterschiedlich. Natürlich sind insbesondere Schweißverbindungen positiv zu bewerten. Die Verwendung insbesondere hoch dosierter Leime und Kleber läßt gerade im Holzbau nur noch eine Weiterverwertung zu, neben Wieder- und Weiterverwendung und der Wiederverwertung die niedrigste Rezyklierstufe (Downcycling).

Verbundbauweisen

Bei den Verbundbauweisen werden Bauteile aus mehreren unterschiedlichen Werkstoffen zu einem Stück hergestellt. Man umgeht damit zumindest im Bauteil die mit den unterschiedlichen Verbindungstechniken verbundenen Probleme. Im Gegensatz zu den Inte-

Integrating methods of construction

The manufacturing technologies used for integral methods of construction impose restrictions on the dimensions of components. This is a disadvantage which is avoided by the integrating methods, by which several components are assembled into a quasi-homogeneous component or sub-assembly. The component may be assembled by bonding, glueing or welding, and with all these types of fixation, a largely homogeneous flow of forces within the component can be achieved by choosing suitable shapes for the joints. It should therefore be our objective to combine the advantages of the differential method, i.e., the simple production of complex components by assembling them from several easily manufactured elements, with the benefits of the integral method, i.e., the homogeneous pattern of forces within the component.

Recyclability varies depending on the type of fixation or jointing used. It is obvious that welded joints in particular are advantageous in this respect. The use of large quantities of glue, particularly in the production of laminated timber products allows only downcycling, which, apart from re-use, represents the lowest level of recycling.

Composite methods of construction

With the composite methods of construction, components are manufactured from a number of different materials to form a single unit. This method avoids the problems associated with the various fixing or jointing techniques, at least within the component. In contrast to the integral methods, however, several materials are here combined to form a multi-material component. The materials are selected and arranged according to their profile of properties and the lines of force within the component. This method allows a very efficient design of structural components.

Among the composite methods of construction, we can distinguish the following subgroups:

· General composite methods of construction

Among these are, for instance, the steel/reinforced concrete composites which in building construction are called, rather too inaccurately, "composite construction".

· Fibre composite and hybrid methods of construction

New Airport Shanghai-Pudong: front (partial) view, photograph of model
New Airport Shanghai-Pudong: Ansicht, Ausschnitt, Modellfoto

gralbauweisen werden jetzt jedoch mehrere Werkstoffe zu einem Mehrstoff-Bauteil kombiniert. Auswahl und Anordnung der Werkstoffe erfolgen dabei nach deren Eigenschaftsprofil und in Abhängigkeit vom Beanspruchungsverlauf innerhalb des Bauteils. Dies erlaubt die sehr effiziente Gestaltung von tragenden Teilen.
Bei den Verbundbauweisen lassen sich folgende Untergruppen unterscheiden:

· Allgemeine Verbundbauweisen
Hierzu gehören beispielsweise die im Bauwesen viel zu unpräzise und pauschal als ‚Verbundbau' bezeichneten Stahl/Stahlbetonverbunde.

· Faserverbund- und Hybridbauweisen
Unter die Faserverbundbauweisen fallen sowohl die Faser-Kunststoffverbunde wie beispielsweise auch der am häufigsten hergestellte Verbundwerkstoff überhaupt, der Stahlbeton. Werden zwei oder mehr unterschiedliche Faserwerkstoffe innerhalb einer Matrix eingesetzt, so spricht man von Hybridbauweisen.

· Sandwichbauweisen
Dies sind im allgemeinen dreilagige Konstruktionen, die aus einer oberen und einer unteren Deckschicht sowie einem dazwischenliegenden Kern bestehen. Deckschichten und Kern, die üblicherweise aus unterschiedlichen Werkstoffen bestehen (Ausnahme ist z.B. Wellpappe), werden zumeist miteinander verklebt. In einigen Fällen, wie z.B. bei PUR-Kernen, übernimmt die Kernfüllung selbst den Kraftschluß mit den Deckschichten.

Verbundkonstruktionen können genau dann sehr effizient und leicht gestaltet werden, wenn die eingesetzten Werkstoffe das an das Bauteil gestellte Anforderungsprofil im Verbund, also gemeinsam, bestmöglich erfüllen können. Der Qualität des Verbundes zwischen den Werkstoffen, also z.B. der Qualität des Verbundes zwischen Armierungsfaser und Matrix, kommt dabei eine entscheidende Bedeutung zu. Je besser der Verbund, desto kürzer können die Krafteinleitungslängen gestaltet werden: Der vergleichsweise schlechte Verbund zwischen Bewehrungsstahl und Beton erfordert große Verankerungslängen, was für den Leichtbauer nicht nur unerwünschtes Zusatzgewicht bedeutet, sondern auch ökonomisch und ökologisch, unter dem Gesichtspunkt der Gesamtenergiebilanz, nachteilig ist.

The term "fibre composite methods of construction" embraces the fibre/plastic composites, as well as the most frequently produced composite material of them all, steel-reinforced concrete. The term "hybrid methods of construction" is applied when two or more different fibre materials are used within a matrix.

· Sandwich construction
Sandwiches are generally 3-layer structures consisting of an upper and lower facing layer and the core between these. Facings and core which, as a rule, consist of different materials (except, for instance, corrugated cardboard) are in most cases glued or bonded together. In some cases, such as with PUR cores, the core itself provides the bonding with the facings.

Composite structures can be designed easily and very efficiently if the materials, when combined into a composite material, meet the requirement profile of the component in an optimal way. The quality of the bond between the materials, e.g., the quality of the bond between reinforcing fibre and matrix, is therefore of crucial importance. The better the bond the shorter the load transfer paths can be: the comparatively bad bond between concrete and reinforcing steel requires long anchorages, which, to the engineer designing lightweight structures, not only means undesirable extra weight but which is also in economic and ecological terms, i.e., as far as the total energy balance is concerned, disadvantageous.

On the other hand, a "perfect bond" means that a composite component comprising, for instance, two materials cannot really be separated into its constituent materials. This means that the excellent recyclability of reinforced concrete, which, after mechanical crushing is available again as a single homogeneous material, is principally the result of its low bonding quality. The same applies in the case of prestressed concrete, except for the non-bonding techniques, where stranded cables embedded in grease inside plastic tubing are used.

Designing lightweight structures

In building construction, the designing of lightweight structures will always mean the designing of multifunctional structures which must be subject to a multi-criterion evaluation. The reduction to a single function of the requirements relating to a building appears not to be permissible in principle: even gas-

Andererseits führt „perfekter Verbund" dazu, daß sich das Zweistoff-Bauteil beim Rezyklieren kaum noch in seine Ausgangsstoffe zurückzerlegen läßt. Das ausgezeichnete Rezyklierverhalten des nach mechanischer Zerkleinerung sortenrein vorliegenden Stahlbetons ist also hauptsächlich auf seine niedrige Verbundqualität zurückzuführen. Ähnliches gilt natürlich für Spannbeton, abgesehen von den Verfahren ohne Verbund, die in Kunststoffrohren fettgelagerte Litzen verwenden.

Entwerfen im Leichtbau

Das Entwerfen leichter Tragwerke und leichter Konstruktionen wird im Bauwesen immer ein Entwerfen multifunktionaler, einer Multikriterienbewertung unterliegender Strukturen sein. Die Reduktion des Anspruchs an das Gebaute auf eine Funktion erscheint prinzipiell nicht zuläßig: Selbst Gasbehälter, Brücken oder Schallschutzmauern haben mehr als die eine, im Bauingenieurwesen häufig als ‚Die Bauaufgabe' bezeichnete Funktion zu erfüllen: Sie sind stets Bestandteil der gebauten Umwelt und stellen somit nicht nur die Erfüllung eines (monofunktionalen) Zwecks, sondern auch Veränderung der Umgebung, architektonisches Zeichen, optische Masse, Licht, Farbe, Schatten dar. Insofern gibt es keine Unterteilbarkeit in mono- und multifunktionale, in wichtige und weniger wichtige, in Architektur- und Ingenieurbauaufgaben. Die Grundpflicht aller Bauschaffenden, eine sorgsam gestaltete Umwelt zu schaffen, beinhaltet das Wohnhaus genauso wie das Kohlekraftwerk.

Wie bereits bei der Erläuterung des Begriffes Strukturleichtbau angedeutet, ist es aus heutiger Sicht zwingend, innerhalb des Tragwerksentwurfs einzelne, vom Entwerfenden a priori gewählte Tragsysteme, Werkstoffgruppen und Bauweisen innerhalb eines Entwurfes zu bearbeiten und mit Alternativen zu vergleichen. Aus Gründen der Überschaubarkeit der Problemstellung und -lösung bedarf es dabei stets noch dieser Annahmen. Auf den durch sie beschriebenen ersten Schritt folgt die eigentliche Entwurfsphase: Auf der Ebene der Systemstruktur als Findung optimaler Kräftepfade, auf der Ebene der Bauweisen als Entwicklung optimaler Bauteilausformungen und Fügetechniken.

Das Entwerfen gewichtsarmer Kräftepfade ist ohne mathematisch-numerische Hilfsmittel im ebenen Fall sicherlich noch mit Können und Erfahrung möglich, bei dreidimensionalen Strukturen gelingt es zumeist nur im Sonderfall einfachster Stabsysteme. Prinzipiell

ometers, bridges and noise abatement walls have to fulfil more than the one function which in civil engineering is often called "the construction task": they are always a part of the man-made or built environment and thus represent not only the fulfilment of a (monofunctional) purpose but also an alteration of the environs, an architectural landmark, a visual mass, light, colour or shade. To that extent, it is impossible to make a distinction between monofunctional and multifunctional, important and less important, architectural and civil engineering tasks. The basic duty of all professionals in the construction industry, i.e., to create a carefully designed environment, applies to residential dwellings as well as to coal-fired power stations.

As we have already indicated when explaining the term lightweight structures, we regard it as indispensable from our current viewpoint to process individual structural systems within a structural design, groups of materials and methods of construction selected by the designer a priori, and to compare these with alternatives. To keep the problem and its solution in focus and under control, these assumptions are always required. The first step outlined by these assumptions is then followed by the design stage proper: at the system structure level as the finding of optimum paths of force; at the construction method level as the development of optimised component shapes and assembly techniques.

The designing of force paths minimised in terms of mass in a single plane may be possible without mathematical/numerical aids, provided that the designer has the requisite professional knowledge and experience; in the case of three-dimensional structures, this would be possible only in the special case of very basic geodesic systems. In principle, the design work will initially concentrate on considerations and operations in a single-plane or spatial system of forces and, at first, ignore the properties of the materials. Simple models, such as thread and pulley systems, are a valuable aid when used in interaction with a drawing. Designing "by hand" fails, however, as soon as three-dimensionally curved structures have to be designed. In such cases, for instance, when designing membrane structures, foils or fabrics are used which are stretched over the high and low points to generate a surface that is three-dimensionally curved and exclusively in tension. Models are therefore used to design force paths that are minimised in terms of mass. It is important that almost all such models, irrespective of

wird sich nun die Entwurfsarbeit anfangs auf Überlegungen und Operationen im ebenen bzw. räumlichen Kraftsystem konzentrieren, zunächst ohne Berücksichtigung der Werkstoffeigenschaften. Einfache Modelle wie z.B. über Umlenkrollen geführte Fadensysteme stellen in Interaktion zur Zeichnung eine wertvolle Hilfe dar. Bereits beim Entwurf räumlich gekrümmter Strukturen aber versagt das Entwerfen „von Hand". Jetzt werden, beispielsweise beim Entwurf von Membrantragwerken, über Hoch- und Tiefpunkte gezogene Folien oder Stoffe zur Erzeugung einer räumlich gekrümmten, dünnwandigen und nur durch Zugkräfte beanspruchten Fläche genutzt. Bereits beim Entwurf gewichtsarmer Kräftepfade werden hier also Modelle herangezogen. Wichtig ist, daß nahezu alle derartigen Modelle, unabhängig davon ob experimentell oder mathematisch-numerisch, eine im Gleichgewicht befindliche Tragstruktur darstellen.

Prinzipiell lassen sich alle experimentellen Modelle in mathematisch-numerischen Modellen abbilden. Letztere haben neben dem Vorteil einer hohen Genauigkeit in der Aussage zu Kraft und Geometrie allerdings den Nachteil einer geringeren Anschaulichkeit, weswegen man die experimentellen Methoden an den Anfang der Entwurfsarbeit stellt und erst in der zweiten Phase des Entwurfs zu den mathematisch-numerischen Methoden übergeht.

Bei vorgegebener Wahl eines Tragsystems oder -prinzips lassen sich mit den bekannten Formfindungsmethoden gewichtsarme Tragwerke entwickeln. Beim Entwurf gewichtsminimaler Tragwerke erweisen sich die meisten experimentellen Methoden als untauglich. Die mit einer zusätzlichen Minimalbedingung versehenen mathematisch-numerischen Methoden erfahren hierdurch eine besondere Bedeutung, denn nur in wenigen Fällen, wie z.B. bei den Maxwellstrukturen, lassen sich gewichtsminimale Tragwerke ohne sie entwickeln.

Hinsichtlich der Auslegung gilt natürlich auch bei den Tragwerken des Leichtbaus, daß Standsicherheit und Gebrauchsfähigkeit nachzuweisen sind. Der Nachweis der Standsicherheit, der aus Spannungs- und Bruchsicherheitsnachweisen und den Nachweisen der lokalen und der globalen Stabilität besteht, ist im Leichtbau zumeist durch das hohe Spannungsniveau bei gleichzeitig zumeist feingliedrigen und dünnwandigen Bauteilen und der damit verbundenen Stabilitätsproblematik gekennzeichnet. Hinzu kommen prinzipiell Betrachtungen über die Auswirkun-

whether they are experimental or mathematical/numerical, represent a balanced load-bearing structure.

In principle, all experimental models can be represented in the form of mathematical/numerical models. Apart from the advantage of great accuracy in defining forces and geometries, the latter do have the disadvantage of being less visual and intelligible, which is why experimental methods are used for the first stage of the design process, whilst mathematical/numerical methods are used for the second.

Once a structural system or principle has been selected, lightweight structures can be developed by using the familiar form-finding methods. Most experimental methods are unsuitable for designing extremely lightweight structures. This is why the mathematical/numerical methods, in which an additional minimisation requirement has been included, assume a special importance because in only a few cases, such as the Maxwell structures, weight-minimised load-bearing structures can be developed without them.

With regard to design, lightweight structures have to meet the same requirements as all other structures, i.e., that structural safety and suitability for the purpose are proven. The proof of structural safety, which comprises proof of resistance to stress and fracture as well as proof of local and global stability, is characterised in lightweight construction in most cases by the high level of stress in components which are delicate and thin-walled, and by the associated stability problems. To this we should add considerations concerning the effects of the failure of individual structural components. Especially in cases where little allowance can been made by the design engineer for stress or deformation, and where for reasons of weight-saving any load-bearing reserves inherent in the structure (e.g., internal structural imponderables) may have to be dispensed with, a detailed study of structural failure assumes a special importance. The simple example of a suspension bridge shows that a failure of one of the main suspension cables results in the failure of the entire structure, whereas the failure of one of the hangers often merely restricts the use of the bridge. In this context it is worthy of note that the safety concepts usually applied in the construction industry do not make a distinction in terms of the importance of individual components to the overall structural safety. This is not acceptable in lightweight construction. In aircraft engineering, the design engineer finds an attitude to safety matching his

gen des Ausfalls einzelner Tragelemente. Gerade wenn Spannungs- und Verformungsreserven nur in knappem Umfang vorgehalten werden können und wenn aus Gründen der Gewichtsersparnis auf strukturimmanente Tragfähigkeitsreserven (z.B. innerliche statische Unbestimmtkeit) verzichtet werden muß, kommt einer detaillierten Betrachtung des Versagensverhaltens besondere Bedeutung zu. Am einfachen Beispiel der Hängebrücke wird sofort ersichtlich, daß aus einem Versagen der Tragseile das Gesamtversagen erfolgt, wohingegen aus dem Versagen eines Hängerseiles häufig nur eine eingeschränkte Gebauchsfähigkeit folgt. In diesem Zusammenhang fällt auf, daß die im Bauwesen üblichen Sicherheitskonzepte hinsichtlich der Wichtigkeit einzelner Bauteile für die Gesamtstandsicherheit nicht unterscheiden. Dies ist im Leichtbau nicht akzeptabel. Der entwerfende Ingenieur findet im Flugzeugbau eine seine Überlegungen berücksichtigende Sicherheitsphilosophie, in der beispielsweise zwischen „safe-life", also unbedingter Ausfallsicherheit eines Bauteils, und „fail-safe", also der Akzeptanz eines lokalen Versagens bei Gewährleistung der Gesamtstandsicherheit unterschieden wird.

Überlegungen zur Gebrauchsfähigkeit sind beim Entwerfen von Leichtbaukonstruktionen von besonderem Interesse, da sie sehr häufig für die Systemabmessungen des Tragwerks und die Auslegung der Bauteile maßgebend werden. In den meisten Fällen treten vergleichsweise große Verformungen auf, so daß üblicherweise geometrisch nichtlineare Betrachtungen anzusetzen sind. Darüber hinaus bedeutet ein im Verhältnis zu den äußeren Lasten geringes Eigengewicht stets auch die Gefahr von Bauwerksschwingungen. Die Frequenzabstimmung und die Dämpfung der Konstruktionen hier besonders wichtig, wobei erschwerend hinzu kommt, daß eine Abstimmung durch Modifikation der Bauteilmassen nicht in Betracht kommt. Mit der Veränderung der Systemvorspannung, z.B. bei mechanisch vorgespannten Membranen, Seil- und Seilnetztragwerken läßt sich hingegen eine Eigenfrequenzeinstellung relativ einfach bewirken – wenn auch zu Lasten einer, insbesondere im Bereich der Fundationen zu notierenden, Gewichtszunahme.

concerns in which, for instance, a distinction is made between "safe life", i.e., the unconditional safety of a component, and "fail-safe", which means accepting a local failure while maintaining the overall structural safety. Thoughts on the suitability for use are of particular importance in the designing of lightweight structures as they very frequently become crucial to the system dimensions of the structure and the design of the components. In most cases, comparatively large deformations occur so that we usually have to use geometrically non-linear methods. In addition, a structural deadweight that is low compared with the external loads acting on the structure always creates the potential risk of structural oscillations. The tuning of frequencies and the attenuation of structures assume a critical importance in such cases; what makes the problem more difficult is that tuning by means of modifying component weights is out of the question. By changing the system preload, e.g., as in the case of mechanically prestressed membranes, cable or net structures, the tuning to the natural freqency of the structure can be accomplished with relative ease, even though only at the cost of a weight increase which is particularly noticeable in the foundations.

Built from Light
Bauen mit Licht

Bauen mit Licht

Das Erreichen der strukturellen Immaterialität, das Schaffen von Raumbildung ausschließlich aus Farbe und Licht, ist eines der großen Ziele von Werner Sobek. Nebeneinandergesetzte transparente, transluzente und opake Körper und Flächen sind die Bausteine seiner Kompositionen: transparente Flächen aus Glas, wie zum Beispiel die Fassade des neuen Terminal 2 am Flughafen Köln/Bonn, transparente und veränderbare Flächen wie die selbsttragende Fassade aus Polycarbonat-Hohlkästen der Arènes de Nîmes, transluzente Flächen wie die großen textilen Bauten Werner Sobeks. Dort, wo die absolute Beherrschung schwierigster statischer Zusammenhänge und die souveräne Kenntnis von Werkstoffeigenschaften und Herstellungsparametern zur Voraussetzung für das Entwerfen wird, dort entwirft der Ingenieur im engen Gespräch, in engster Zusammenarbeit mit dem Architekten diese faszinierenden Konstruktionen – Konstruktionen an der Grenze zur strukturellen Immaterialität, die durch Farbe und Licht wirken. Dabei entstehen Gebilde und Experimente an der Grenze zwischen Kunst und Wissenschaft, schwierigste statische Konstruktionen wie die Fassade des neuen Flughafens in Bangkok, die trotzdem so einfach zu verstehen ist. Und es entstehen einfachste statische Systeme wie die drehenden Schirme, deren Umsetzung von der Idee bis zum Bauwerk doch so unendlich schwierig und mühevoll ist.

Drehschirme

Schirme sind neben den Zelten die Archetypen des textilen Bauens: Schirme mit rippenartigen Spanten. Die filigranen und bruchempfindlichen Spanten erlauben jedoch nur bedingte Windgeschwindigkeiten und bestimmte Schirmgrößen. Was liegt also näher, als auf die Spanten zu verzichten?

1997 entwickelte Werner Sobek zusammen mit Matthias Schuler und Jörg Baumüller den Drehschirm, einen spantenlosen textilen Schirm, dessen textile Haut durch Rotation und die dabei entstehenden Zentrifugalkräfte aufgespannt wird. Der Mast des Schirmes ist dabei starr. Im Kopf des Mastes befindet sich ein Elektromotor, der die im Nabenbereich leicht verstärkte textile Fläche in Rotation versetzt. Die Fläche selbst ist nicht eben. Ihre Form wird mit speziell dafür geschriebenen Computerprogrammen aus dem Verhältnis Spannweite/Stoffgewicht/Drehzahl berechnet. Dabei ergeben sich pagodenförmige Querschnitte mit einer optimalen Span-

Building Construction and the Use of Light

Achieving dematerialised structures and creating space by exclusively using colour and light is one of Werner Sobek's principal objectives. Transparent, translucent and opaque bodies and surfaces are combined and form the building blocks of his compositions: transparent glass surfaces, such as the façade of the new no. 2 terminal of Cologne/Bonn airport; transparent and convertible surfaces, such as the self-supporting façade of the Arènes de Nîmes, which consists of hollow polycarbonate box sections; or translucent surfaces, such as Werner Sobek's large textile buildings. Whenever a design task calls for the mastering of the most difficult structural relationships and a fundamental and comprehensive knowledge of materials and manufacturing parameters, the engineer, in close collaboration with the architect, designs these fascinating structures – structures that represent the limits of weight-minimisation and impress merely by colour and light. This collaboration results in structures and experiments on the borderline between art and science, e.g., structures of such extreme structural complexity as the façade of the new Bangkok airport, which, despite its complexity, is so easy to understand, or the simplest structural systems, such as the rotating umbrellas, whose transformation from the original idea to the finished product is so infinitely difficult and laborious.

Rotating umbrellas

Apart from tents, umbrellas with spoke-like frames are the archetypes of textile building construction. The delicate and fragile frame spokes permit, however, only limited wind speeds and limited sizes. What, therefore, could be more logical than eliminating the frame spokes altogether?

In 1997, Werner Sobek developed together with Matthias Schuler and Jörg Baumüller the rotating umbrella, a spokeless textile umbrella, whose textile skin is opened and tensioned by its rotation and the resulting centrifugal foces. The mast of the umbrella remains rigid. An electric motor built into the head of the mast rotates the textile membrane, which is slightly reinforced around the hub area. The membrane itself is not flat. Its shape is computed from the relationship between span, fabric weight and speed using special computer programs. These produce pagoda-like cross-sections and optimise the distribution of stress in the fabric. Lightweight edge pip-

⟨
New Munich Exhibition Centre tower: partial view, photograph of model
Neue Messe München, Messeturm: Ansicht, Ausschnitt, Modellfoto

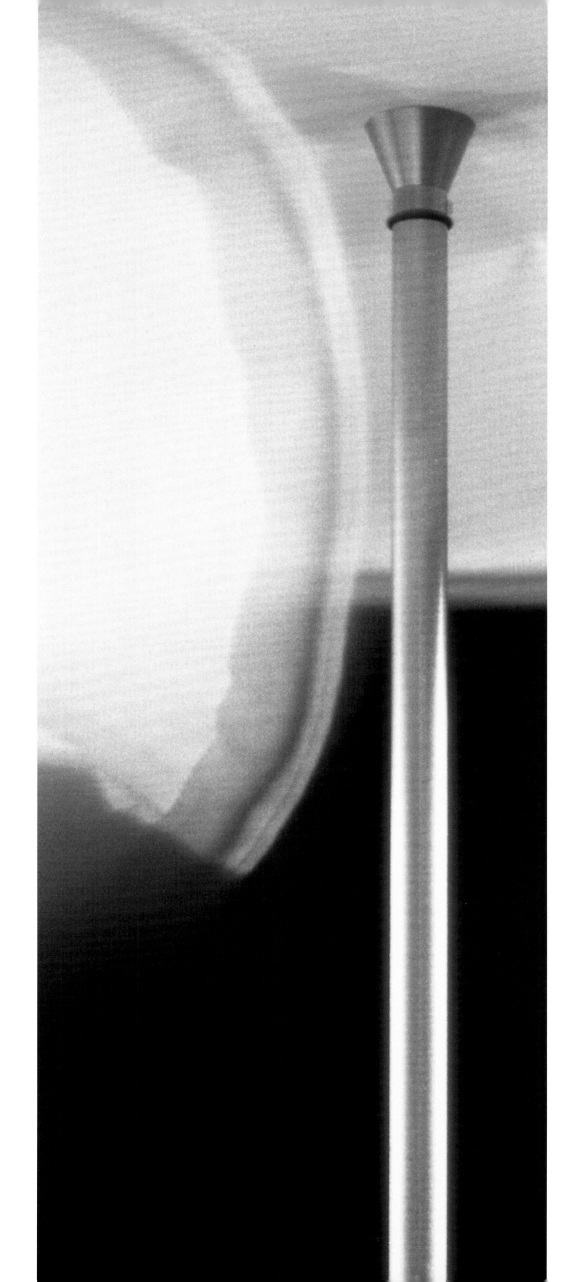

Rotating umbrellas
Drehende Schirme

nungsverteilung im Tuch. Eine leichte Wulst am Rand verbessert die aerodynamische Stabilität. Das patentierte und zur Zeit in der technischen Realisierung befindliche System ist nicht nur an Leichtigkeit und Ingeniosität nicht mehr zu überbieten. Vielmehr ist es das Spiel von Farbe und Licht, das der einzelne drehende Schirm und – natürlich noch gesteigert – die sich teilweise überschneidenden Bereiche von Schirmgruppen aufbauen.

Mit dem Anlaufen des Elektromotors in der Spitze des Mastes beginnt sich der Schirm, durch einen Luftstoß aus den im Mast verteilten Düsen leicht nach außen geweht, zu drehen. Der Motor dreht schneller, der Schirm, der nur aus einem leichten, lichtdurchläßigen Gewebe besteht, schraubt sich langsam mit immer wieder neuen, glockenartigen Formen nach oben. Nach kurzer Zeit laufen auch die anderen Schirme an, in anderen Farben, mit einem sich überlagernden Spiel von Transluzenz und Farben – ein unglaubliches Schauspiel. Mit dem Erreichen der Solldrehzahl werden die textilen Flächen stabil, nehmen ihre endgültige Form ein. Die Flächen drehen sich leise surrend. Nur ein kräftiger Windstoß bringt die Formen etwas durcheinander. Die rotierenden Fläche nehmen jetzt unterschiedliche Eigenformen an. Die Flächen drehen sich, ihre Wellenstruktur ist dabei stabil und teilweise unbeweglich, solange, bis sie durch eine Veränderung der Drehzahl, die über die Chipsteuerung der Schirme eingeleitet wird, wieder ihre Ruhestellung einnehmen.

Das Bauen mit Stoff findet eine interessante Variante im Bauen mit Metallgeweben, beispielsweise mit Geweben aus Edelstahl, die bei den screens für die beiden neuen Parkhäuser 2 und 3 am Flughafen Köln/Bonn von Helmut Jahn skizziert worden waren. Für das zunächst vorgesehene Parkhaus 2 sollten die beiden Längsseiten mit einer Länge von jeweils 300 m und einer Höhe von 16 m mit vorgesetzten screens aus einem weitmaschigen Edelstahlgewebe verblendet werden. Die Gewebe erheben den einfachen Nutzbau zur Skulptur. Sie gewährleisten einen hohen Licht- und Luftdurchgang, Aus- und Durchblicke.

Fassadenelemente aus Edelstahlgewebe können vereisen, sie haben aufgrund ihrer aerodynamischen Versperrrung hohe Windlasten abzutragen. Insbesondere in den Größenordnungen, wie sie am Flughafen in Köln zur Anwendung kamen, benötigen sie deshalb eine auf die mechanischen und fertigungsspezifischen Besonderheiten des Produkts eingehende konstruktive Behandlung. Am Flughafen Köln/Bonn wurden die einzel-

ing improves the aerodynamic stability. This patented system, which is currently being perfected technically, is unsurpassed not only in terms of low weight and ingenuity. It is rather the spectacle of colour and light produced by the invidual umbrella and – to a greater degree – by groups of umbrellas with their overlapping areas, which is so astonishing.

As the electric motor mounted at the head of the mast starts rotating, the umbrella starts rotating as well; at this stage the opening of the membrane is assisted by a blast from the air jets distributed over the mast. As the speed of rotation increases, the umbrella, which consists of a light and translucent fabric, lifts and spreads gradually, assuming a variety of bell-like shapes in the process. After a short time, the other umbrellas of different colours also start rotating, producing an interplay of translucency and colours – an incredible spectacle. Once the rated speed has been reached, the textile surfaces stabilise and assume their final shape. The umbrellas rotate with a low humming noise. Only a strong gust of wind will disturb the shapes somewhat. The rotating membranes now assume their different individual forms. While the umbrellas rotate, their undulating structure remains stable and sometimes static until a gradual speed reduction, initiated and controlled by the microprocessor control, returns the umbrellas to their rest position again.

Using woven metal for building, such as the stainless steel mesh screens designed by Helmut Jahn and intended for the two new no. 2 and no. 3 car parks at Cologne/Bonn airport, represents an interesting variation on the use of fabrics as a building material. The two long elevations of no. 2 car park, which is to be built first, measuring 300 metres by 16 metres high, are to be screened by widemesh stainless steel screens fixed to the elevations. These woven metal screens transform a simple utility building into a sculpture. They ensure a high degree of natural lighting and ventilation and do not obstruct the view either from inside or outside.

Façade elements made of stainless steel mesh can ice up and have to support large wind loads because of their aerodynamic resistance. Especially such large screens as used at Cologne airport therefore require a design treatment which is taylored to the mechanical and manufacturing characteristics of the product. Werner Sobek suspended the individual mesh panels from slender steel brackets. Around the suspension brackets and fixation points, heavier wire was woven

Cologne/Bonn airport: no. 2 car park, mounting detail of tensioned stainless steel mesh screens
Flughafen Köln/Bonn: Parkhaus 2, Detail der Abspannung der screens aus vorgespanntem Edelstahlgewebe

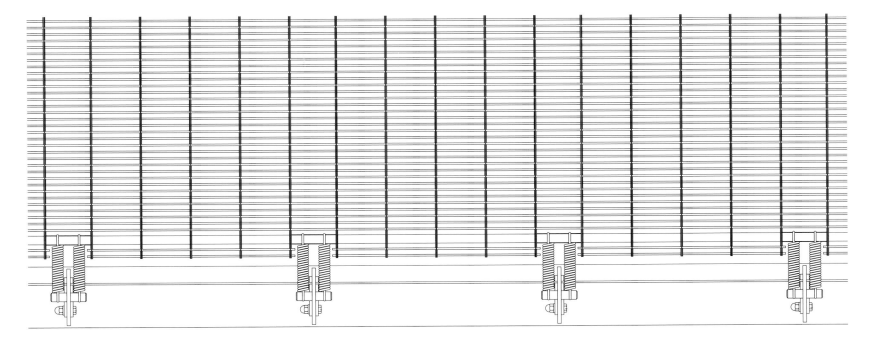

nen Gewebebahnen an schlanken Stahlkonsolen aufgehängt. Im Bereich der Aufhängungen und Befestigungen wurden dabei, zur lokalen Verstärkung des Materials, dickere Drähte in das Gewebe eingezogen. Am unteren Rand wurden die Bahnen über Federn gegen Stahlkonsolen vorgespannt. Die Kraft im Metallgewebe bleibt somit immer gleich hoch, auch bei Windbelastung, bei der sich das Tuch entsprechend verformt. Besonders wichtig zu erwähnen ist, daß sich die Federvorspannung infolge von Temperaturveränderungen nicht ändert.

Die Interbank in Lima
Für Hans Hollein aus Wien als Architekten konzipiert Werner Sobek derzeit eine Metallgewebeverkleidung, die vor die vollkommen verglaste Fassade der neu zu errichtenden Interbank in Lima, Peru, gespannt werden wird. Wiederum überführt das Gewebe aus Edelstahl- und Bronzefäden den Bürobau in eine Plastik. Bei der Interbank in Lima werden die Gewebe diagonal über die bis zu 65 m hohe Fassade spannen. Federn am unteren und am rechten Rand garantieren Faltenfreiheit und einen planmäßigen Spannungszustand in der Haut.

Rhönklinik
Seilnetztragwerke mit ihrer architektonischen Eleganz und ihrer tragstrukturellen Effizienz erleiden häufig durch den – meistens erforderlichen – Raumabschluß eine enttäuschende Komponente. Die Schwierigkeit in der Eindeckung der Netze ist hauptsächlich darin begründet, daß Seilnetztragwerke unter äußeren Lasten vergleichsweise große Verformungen durchlaufen und daß nahezu jede Masche eines Seilnetzes eine andere Geometrie aufweist. Eindeckungen aus PMMA oder aus Polycarbonat besitzen zwar die notwendige Flexibilität, bedürfen aufgrund ihrer sehr großen temperatur- und feuchteänderungsbedingten Längenänderungen sehr großer und entsprechend massiv wirkender Kautschukprofile im Stoßbereich. Eindeckungen aus Floatglas oder aus vorgespanntem Glas müssen so gelagert werden, daß die Glasscheiben infolge der großen Netzverformungen keine Schäden erleiden. Hierfür gab es bisher keine Lösungen. Auch das Problem der unterschiedlichen Seilnetzmaschen war noch nicht gelöst.
Zusammen mit Viktor Wilhelm entwickelte Werner Sobek 1996 das System der bügelgelagerten Glasschindeln. Die Grundidee der Lösung ist unglaublich einfach und dennoch faszinierend, erlaubt sie doch die Verwen-

into the mesh to provide localised reinforcement. Along the bottom edge, the panels were tensioned against steel brackets by means of springs. In this way, the forces acting in the metal mesh always remain constant even under wind load, which will deform the mesh correspondingly. It is especially important to mention that the spring loading does not change as a result of changing temperatures.

Interbank in Lima
For the architect Hans Hollein of Vienna, Werner Sobek is currently designing a metal mesh screen to be mounted in front of the fully glazed façade of the new Interbank building in Lima, Peru. Here again, the stainless steel/bronze wire mesh will transform the office building into a sculpture. In the case of this building, the wire mesh panels will be mounted diagonally across the façade, which is up to 65 metres high. Tensioning springs along the bottom and right-hand edges of the screen panels ensure freedom from folds and provide the necessary tension in the mesh.

Rhönklinik
Cable net structures, with their architectural elegance and structural efficiency, are often a visual disappointment owing to the space-enclosing envelope which is required in most cases. The difficulty of covering cable nets with a skin arises from the comparatively large deformations these structures suffer under load and from the fact that each mesh or panel of a cable net has a different geometry. Although roofing panels made from PMMA or polycarbonate possess the necessary flexibility, their large dimensional changes caused by changes in temperature or humidity require the use of very large rubber seal sections along the edges, which look heavy and ungainly. Floatglass or prestressed glass panels must be mounted in such a way as to prevent the panels being damaged by the large deformations of the net. This problem had hitherto not been solved. The problem posed by the different mesh geometries also awaited a solution.
Together with Viktor Wilhelm, Werner Sobek developed in 1996 a system of glass shingles mounted by means of wire clips. The basic idea is incredibly simple yet fascinating, because it allows any size of cable net to be covered using a single glass shingle format and only one type of wire clip, irrespective of the mesh geometry of the net. Thanks to the slightly flexible mounting of the shingles provided by the thin wire clips, the roof skin is

Interbank Lima: view of the façade clad with metal screens, photograph of model
Interbank Lima: Ansicht der mit einem Screen verkleideten Fassade, Modellfoto

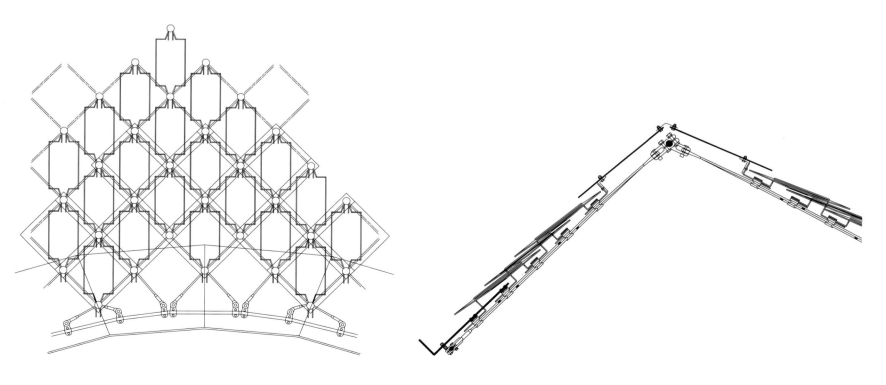

Rhönklinik in Bad Neustadt: glazed cable net, section through the ridge and top view of a detail of the edge of the net
Rhönklinik in Bad Neustadt: verglastes Seilnetz, Schnitt durch den First und Aufsicht auf einen Ausschnitt am Netzrand

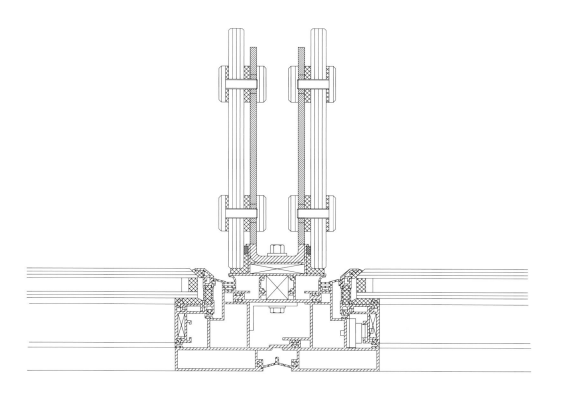
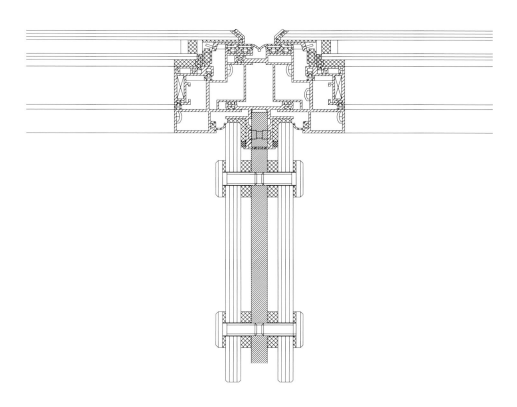

Charlemagne high-rise office building in Brussels: facade with external glass fins, horizontal section, detail drawing
Bürohochhaus Charlemagne in Brüssel: Fassade mit außenliegenden Glasschwertern, horizontaler Schnitt, Detailzeichnung

159

Urban furniture design for JC Decaux: bus stop, detail
Urban furniture design for JC Decaux: Bushaltestelle, Detail

Urban furniture design for JC Decaux: bus stop, schematic structural drawing
Urban furniture design for JC Decaux: Bushaltestelle, Konstruktionsübersichtszeichnung

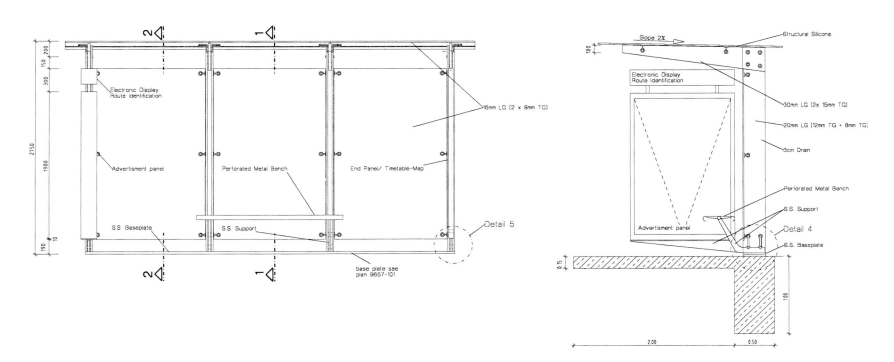

Urban furniture design for JC Decaux: bus stop, front view
Urban furniture design for JC Decaux: Bushaltestelle, Ansicht

dung eines einzigen Scheibenformates sowie eines einzigen Bügeltyps für die Eindeckung beliebig großer Netze. Unabhängig von der Maschengeometrie des Netzes. Durch die infolge der dünnen Drahtbügel leicht flexible Lagerung der Schindeln kann diese Eindeckung größte Netzverformungen schadensfrei überstehen. Bei der Seilnetzüberdachung des Außenbereiches einer großen Herzklinik in Bad Neustadt wurde das System erstmals angewendet. Architekt ist Volker Donath.

Charlemagne
Bei dem komplett mit einer neuen Hülle zu versehenden Gebäude Charlemagne in Brüssel wurden die metallischen Fassadenpfosten einer Isolierglasfassade mit tragenden Glasschwertern oder Glasfins kombiniert. Die Fassadenpfosten dienen nur noch zur thermischen Trennung sowie zur Reststandsicherheit im Falle der Zerstörung der Fins. Sie konnten entsprechend schlank gestaltet werden, wodurch die Fassade sehr transparent wurde. Formal besonders gelungen sind diejenigen Fassadenbereiche, bei denen die Glasfins an der Fassadenaußenseite liegen.
Die von Helmut Jahn und Werner Sobek für Standard- wie Sonderfassaden entwickelten Lösungen für eine Kombination der thermisch trennenden Metallpfosten mit tragenden Glasfins fanden ihre Fortschreibung für die Fassaden des Sony-Center am Potsdamer Platz, dem Gebäude des DIFA am Cafe Kranzler in Berlin oder auch bei einigen Entwürfen für Projekte in den USA.

Helmut Jahn und Werner Sobek für
JC Decaux
Absolute Transparenz in der direkten Ansicht, schimmerndes und doch transparentes Grün in der Schrägansicht, Gegenstände für die Stadt nur aus Glas, ohne optische Masse, nur der Unverletzlichkeit der Umgebung verpflichtet: die Designerlinie ‚Helmut Jahn und Werner Sobek für JC Decaux', die neben einer Bushaltestelle eine Litfaßsäule sowie einen Zeitschriftenkiosk umfaßt, entstand 1997 für den Weltmarktführer in diesem Bereich, JC Decaux aus Paris. Wieder ein „Bau"-werk der beiden Freunde, bei dem architektonische Brillanz und Ingeniosität sich zu einer meisterlichen Lösung vereinigen.

not damaged even by the largest deformations of the net. The system was first used to cover the areas surrounding a large cardiac clincic in Bad Neustadt. The architekt was Volker Donath.

Charlemagne
In the case of the Charlemagne building in Brussels, which was to be given an entirely new envelope, the metal façade pillars of a double-glazed façade were combined with load-bearing glass fins. The façade pillars merely provide thermal insulation and structural safety backup in case the glass fins should be destroyed. They could therefore be made very slender, which rendered the façade very transparent. Especially those areas where the glass fins are on the outside of the façade are visually very successful.
The solutions for standard as well as special façades developed by Helmut Jahn and Werner Sobek based on a combination of thermally insulating metal pillars with load-bearing glass fins, were further developed in the façades of the Sony Center on Potsdamer Platz in Berlin, the DIFA building next to Cafe Kranzler in Berlin and some designs for projects in the USA.

Helmut Jahn and Werner Sobek for
JC Decaux
Perfectly transparent when viewed from the front, shimmering yet transparently green when viewed at an angle; objects for the city which consist only of glass, have no visual mass and are committed to the inviolability of the environment: the designer range "Helmut Jahn and Werner Sobek for JC Decaux" which comprises a bus stop, a circular advertising tower and a newsagent's kiosk, was created in 1997 for the world leader in this field, JC Decaux of Paris. This is again a "building" designed by the two friends in which architectural brilliance and ingenuity combine to produce a masterly solution.

Ein Messeturm für die Neue Messe

Ein Lichtturm, ein leuchtender Turm wird zum Wahrzeichen der neuen Messe München. Der mit der Gesamtplanung betraute Architekt Peter Kaup bat Werner Sobek 1994 um einen Entwurf für den Turm der Neuen Messe. Während die Diskussion über die mögliche Gestalt eines solchen Turmes noch nachhallte, entwarf Werner Sobek einen ‚Turm aus Licht', einen 86 m hohen Turm, dessen tragendes Gerippe nahezu immateriell und formal mit absolut reduzierter Aussage lediglich der Installation einer Lichtskulptur dienen sollte. Den zugehörigen Künstlerwettbewerb gewann Franz Kluge, der den Turm mit einer Vielzahl von Leuchtelementen ausstattete, die, computergesteuert, unterschiedlichste Inszenierungen erlauben.

Das Tragwerk des Turmes besteht aus einem 86 m hohen zentralen Rohrschaft von nur 1000 mm Durchmesser, der in unterschiedlichen Höhen angeordnete horizontale Speichenräder von jeweils 10 m Durchmesser trägt. Die Felgen dieser Speichenräder werden durch senkrechte Seile gegen das Fundament verspannt, die oberste Felge wird dabei durch Druckstäbe gegen den zentralen Schaft abgestützt. Auf diese Weise entstand ein sehr schlankes, in seiner Funktionsweise klar verständliches und in seinen Proportionen sehr fein abgestimmtes Tragwerk, das, wieder einmal, ein von Werner Sobek entworfenes Stück Architektur darstellt.

A tower for the Neue Messe exhibition centre in Munich

A tower of light becomes the symbol and landmark of the Neue Messe exhibition centre in Munich. Peter Kaup, the architect in overall charge of the project, asked Werner Sobek in 1994 to submit a design for a tower for the new exhibition centre. While the possible shape of such a tower was still a matter for discussion, Werner Sobek designed a "Tower of Light", a tower 86 m high whose ethereal structural skeleton was intended to accommodate a sculpture of light. The corresponding artist's competition was won by Franz Kluge who equipped the tower with numerous light modules which allow a variety of computer-controlled light patterns to be produced.

The structure of the tower consists of a 86 m high central tubular spine of only 1000 mm diameter, which carries horizontal spoked wheels of 10 metres diameter at various heights. The rims of these spoked wheels are braced against the foundation by means of vertical cables, except for the top wheel whose rim is supported by compression members abutting against the central spine. The result was a very slender structure of easily comprehensible function and finely tuned proportions representing once again a piece of architecture bearing Werner Sobek's signature.

Expo 2000 in Wolfsburg: the canopy above the station by night. Architects: LeonWohlhage.
Photograph of model
Expo 2000 in Wolfsburg: das Vordach über dem Bahnhof bei Nacht. Achitekten: LeonWohlhage. Modellfoto

New Munich Exhibition Centre tower: view of elevation, photograph of model
Neue Messe München, Messeturm: Ansicht, Modellfoto

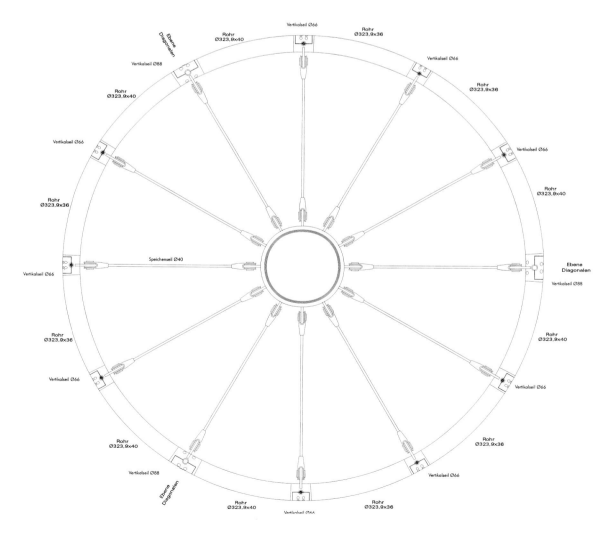

New Munich Exhibition Centre tower: top view of one of the horizontal spoked wheels
Neue Messe München, Messeturm: Aufsicht auf eines der horizontalen Speichenräder

The floating stage in Cospuden, photograph of model
Die schwimmende Bühne Cospuden, Modellfoto

Viewing tower at Cospuden: side view, internal spiral staircase
Aussichtsturm Cospuden: Ansicht, innenliegende Wendeltreppe

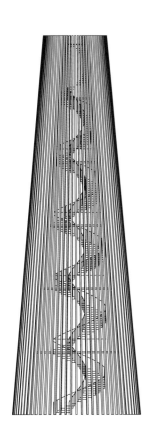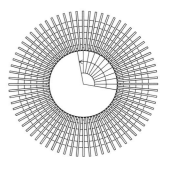

SONY-Center at the Potsdamer Platz in Berlin:
top view, photograph of model
SONY-Center am Potsdamer Platz in Berlin:
Aufsicht, Modellfoto

SONY-Center at the Potsdamer Platz in Berlin:
view of elevation, photograph of model
SONY-Center am Potsdamer Platz in Berlin:
Ansicht, Modellfoto

Competition Terminal 2 for the Munich Airport:
view of elevation
Wettbewerb Flughafen München, Terminal 2:
Ansicht

Competition Terminal 2 for the Munich Airport: spring detail at the lower end of the vertical cables which support the glazed facade
Wettbewerb Flughafen München, Terminal 2: Abspannung der ausschließlich durch vertikale Seile getragenen Glasfassade mit Federn, Detail

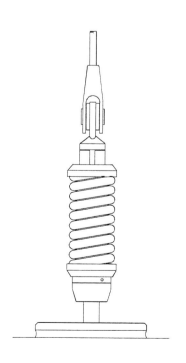
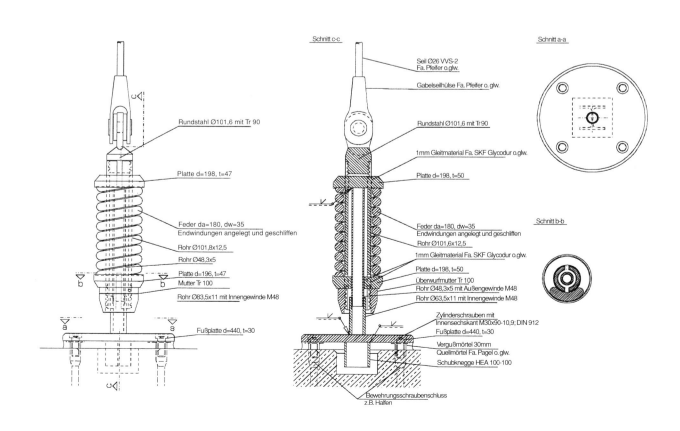

Die Fassade des Terminalgebäudes Flughafen Bangkok

Unter dem großen Regen- und Schattendach des zukünftigen neuen Flughafens in Bangkok befindet sich das zentrale Terminalgebäude, von dem aus die Passagiere über die insgesamt 3,6 km langen concourses zu den Flugzeugen gelangen. Als kompositorische Ergänzung zum weitgespannten, schwebenden dünnen Dach wurde das Terminalgebäude als vollkommen verglaster, nahezu immateriell wirkender Quader entworfen. Die konstruktive Umsetzung war, bei Grundrißabmessungen des 40 m hohen Terminalgebäudes von 400 x 100 m und damit einer Gesamtlänge der Fassade von 1000 m, schwierig und doch entscheidend für die architektonische Qualität des Bauwerks.

Die Fassade ist enorm hohen Windbelastungen unterworfen. Aufgrund der sehr großen Verformungen des weitgespannten Daches über dem Glasquader des Terminals kann die selbsttragende Fassade nur senkrecht zu ihrer Systemebene wirkende Belastungen in das Dachtragwerk einleiten. Die tragende Konstruktion der Fassade ist sehr regelmäßig aufgebaut und besteht aus seilverspannten Druckstützen mit 34 m Höhe, zwischen die horizontale Seilbinder mit 9 m freier Spannweite eingehängt sind. Vertikale Seile nehmen das Eigengewicht der Glasscheiben auf und hängen es in die Spitzen der Druckstützen hoch. Eine Reihe von Druckstäben stützen die unmittelbar unter dem Dach befindlichen Scheiben. Die einzelnen Fassadenfelder sind über riegelartige Druckstäbe und Kopfbandseile in den oberen Ecken zu Rahmenkonstruktionen verbunden.

Hinsichtlich ihrer Größe und der Minimalität in der konstruktiven Umsetzung ist diese Fassade einmalig. Ihre volle architektonische Kraft entfaltet sie jedoch erst unter der stets unterschiedlichen Lichtwirkung der Sonne, insbesondere zu Sonnenauf- und Sonnenuntergang.

The façade of the Bangkok airport terminal building

Below a vast roof which provides protection against sun and rain lies the new Bangkok airport central terminal building, from which passengers board their aircraft along concourses totalling 3.6 kilometres in length. To complement the vast, ethereally floating roof, the terminal building was designed as a completely glazed rectangular block. Given the plan dimensions of 400 m by 100 m and a height of 40 metres, resulting in a total façade length of 1000 metres, the technical realisation of the design was difficult albeit crucial to the architectural quality of the building.

The façade is subject to enormous wind loads. Owing to the very large deformations of the wide-span roof above the glass block of the terminal, the self-supporting façade can only transfer loads into the roof support structures which are perpendicular to its system plane. The load-bearing structure of the façade features a regular pattern and consists of 34 m high cable-braced compression columns connected by horizontal tie cables of 9 m free span. Vertical cables support the weight of the glazing units from the heads of the compression columns. The glazing units immediately below the roof are supported by a number of compression rods. The individual façade panels are connected to form frame structures by means of rail-like compression rods and kneebrace cables located in the upper corners.

In terms of its size and minimised mass, this façade is unique. However, it develops its full architectural power only in conjunction with the continually varying effects of the sun, especially at sunrise and sunset.

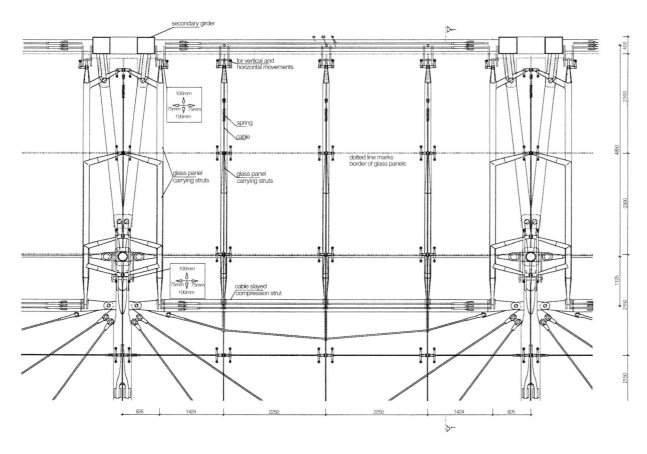

New Bangkok International Airport, terminal building: partial view of façade structure, schematic drawing
New Bangkok International Airport, Terminalgebäude: Ausschnitt aus der Fassadenkonstruktion, Übersichtszeichnung

〉
New Bangkok International Airport: the terminal building façade, which is 40 m high and 1000 m long, partial view, photograph of model
New Bangkok International Airport: die 40 m hohe und insgesamt 1000 m lange Fassade des Terminalgebäudes, Ausschnitt, Modellfoto

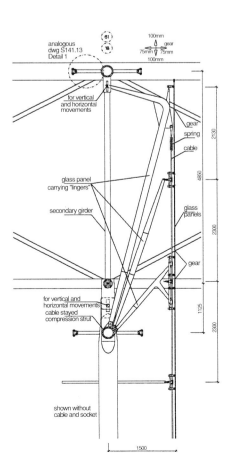

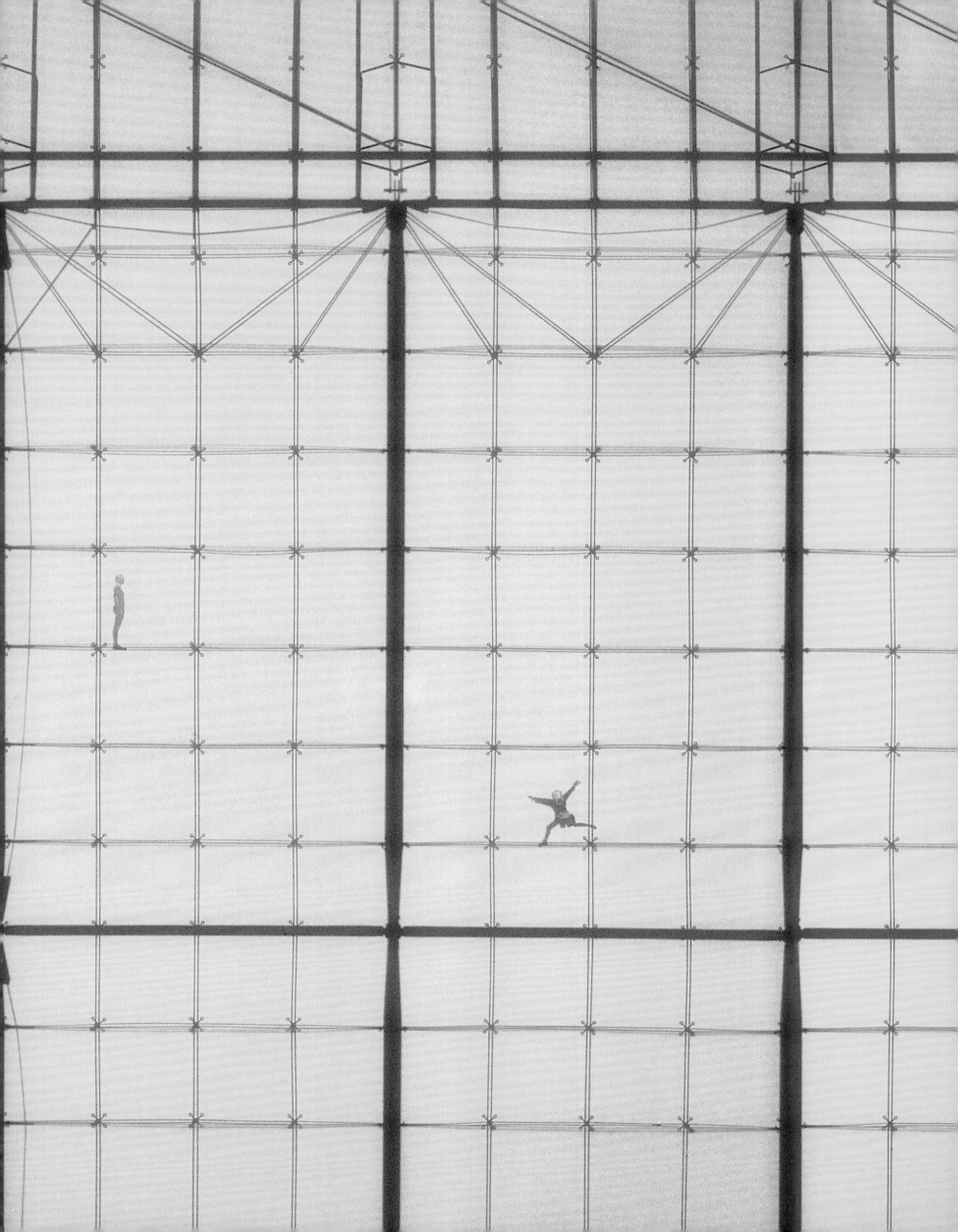

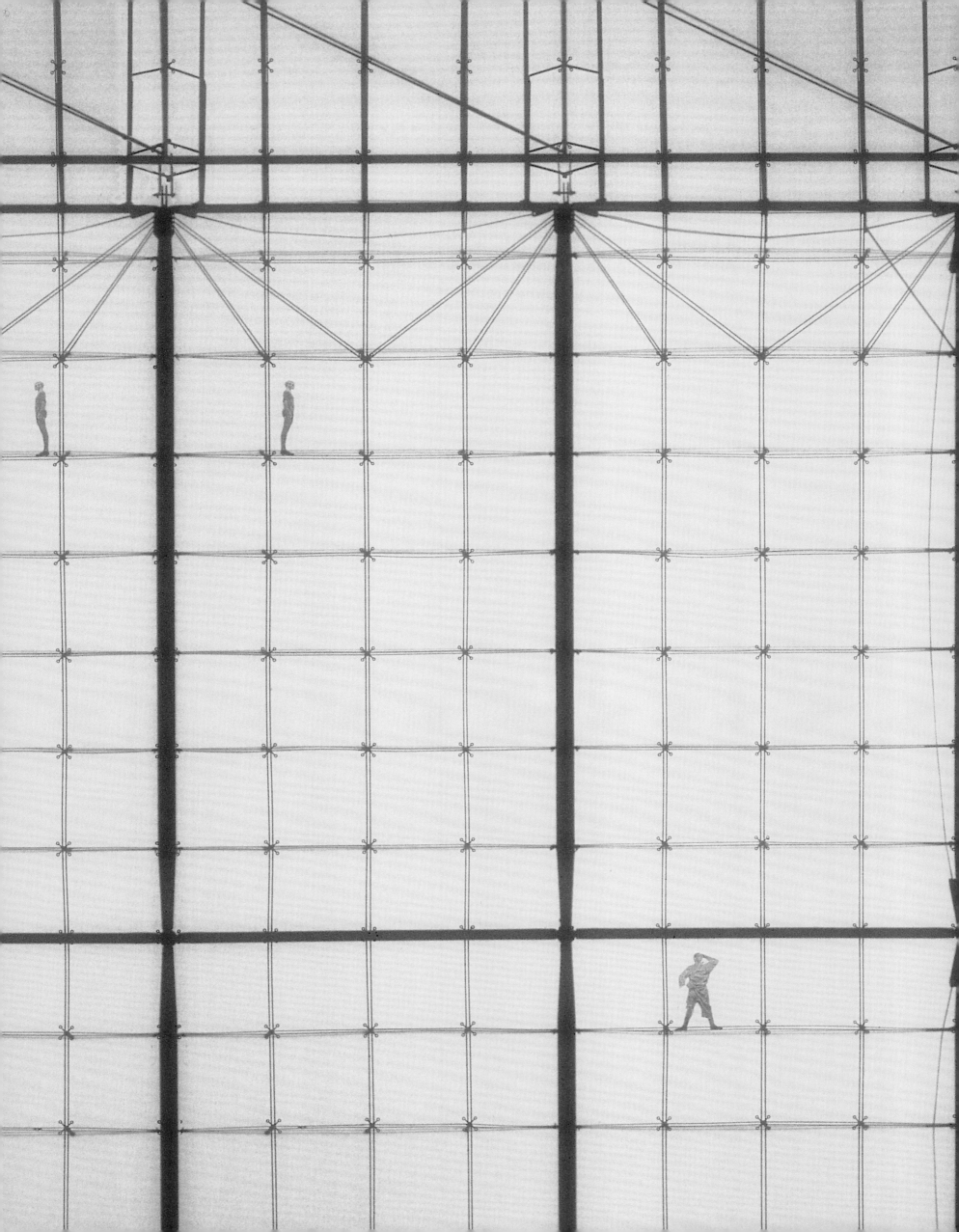

Appendix
Anhang

Biography
Biographie

1953	geboren in Aalen, Württemberg
1974 – 1980	Studium Bauingenieurwesen an der Universität Stuttgart
1978 – 1980	Architekturstudium an der Universität Stuttgart
1980 – 1986	Wissenschaftlicher Mitarbeiter am Sonderforschungsbereich SFB 64 „Weitgespannte Flächentragwerke" an der Universität Stuttgart
1981	Preis der Freunde der Universität Stuttgart für besondere wissenschaftliche Leistungen, Stuttgart
1983	Fazlur R. Khan Award, New York
1984	Mitarbeit bei Skidmore, Owings and Merrill, Chicago und San Francisco sowie am Illinois Institute of Technology, Chicago
1987 – 1991	Mitarbeiter im Ingenieurbüro Schlaich Bergermann und Partner, Stuttgart
1988	Lehrauftrag für ‚Entwerfen von Tragwerken' an der Fakultät für Bauingenieurwesen der Universität Stuttgart
1989	Hubert Rüsch Preis des Deutschen Beton-Vereins
1990	Ruf an die Universität Hannover (Nachfolge Bernd Tokarz)
1991	Gründung eines eigenen Ingenieurbüros
	Professor und Leiter des Instituts für Tragwerksentwurf und Bauweisenforschung der Universität Hannover
1991	Deutscher Ingenieurbaupreis, Anerkennung
1992	Umfirmierung des Ingenieurbüros in: Sobek und Rieger GmbH
1994	Ruf an die Universität Stuttgart (Nachfolge Frei Otto)
1995	Professor an der Universität Stuttgart
	Direktor des Instituts für Leichte Flächentragwerke
	Direktor des Zentrallabors des Konstruktiven Ingenieurbaus
	Ausstellung: ‚Werner Sobek – Bauten und Projekte'. Galerie am Weissenhof, Stuttgart
1997	Holzbaupreis Baden-Württemberg
	Umfirmierung des Ingenieurbüros in: Werner Sobek Ingenieure GmbH
1998	Benedictus Award Special Merit, San Francisco
	Mitglied des Vorstandes der Ingenieurkammer Baden-Württemberg
	Ernennung zum Prüfingenieur für Baustatik für alle Fachrichtungen

1953	born in Aalen, Württemberg
1974 – 1980	degree course in civil engineering at Stuttgart University
1978 – 1980	degree course in architecture at Stuttgart University
1980 – 1986	post-graduate fellow in Special Research Project 64 "Wide-span Lightweight Structures" at Stuttgart University
1981	Award by the Friends of Stuttgart University for outstanding scientific achievements, Stuttgart
1983	Fazlur R. Khan Award, New York
1984	worked for Skidmore, Owings and Merrill, Chicago and San Francisco, as well as at the Illinois Institute of Technology, Chicago
1987 – 1991	worked for Ingenieurbüro Schlaich Bergermann & Partner, Stuttgart
1988	Teaching fellowship for "Designing load-bearing structures" at the civil engineering faculty of Stuttgart University
1989	Hubert Rüsch Prize awarded by the German Concrete Association
1990	appointed professor at Hannover University (successor to Bernd Tokarz)
1991	founded his own engineering consultancy
	Professor and director of the Institute for Structural Design and Study of Building Methods of Hannover University
1991	German Civil Engineering Award; highly commended
1992	name of engineering consultancy changed to: Sobek und Rieger GmbH
1994	appointed professor at Stuttgart University (successor to Frei Otto)
1995	Professor at Stuttgart University
	Director of the Institute for Lightweight Structures
	Director of the Central Laboratory for Civil Engineering
	Exhibition: "Werner Sobek – Buildings and Projects". Galerie am Weissenhof, Stuttgart
1997	awarded the Timber Construction Prize of Baden-Württemberg
	name of engineering consultancy changed to: Werner Sobek Ingenieure GmbH
1998	Benedictus Award Special Merit, San Francisco
	Board member of the Chamber of Engineers of Baden-Württemberg
	Appointment as Structural Approval Engineer for all professional disciplines

Employees and Academic Collaborators
Mitarbeiter

Werner Sobek Ingenieure GmbH
Werner Sobek Ingenieure GmbH

Oliver Dalferth, Michael Duder, Berthold Eger, Heike Engler, Zheng Fei,
Walter Fichtner, Fabian Friz, Eduard Ganz, Sigurdur Gunnarson, Walter Haase,
Stephen Hagenmayer, Beate Hellmann, Sophie Kerneis, Angela Kleine-Altekamp,
Petra Kübler, Josef Linder, Jassen Mihaylow, Dieter Möhrle, Thomas Müller,
Peter Mutscher, Sandra Neaga, Don-U Park, Alfred Rein, Wolfgang Rudolph,
Dr. Anvar Sadykov, Jean-Yves Saillant, Wolfgang Scholz, Thomas Scholze,
Hatice Sen, Dr. Wolfgang Sundermann, Frank Tarazi, Anja Thierfelder,
Doris Trentadue, Birgit Weber, Ingo Weiss, Dr. Viktor Wilhelm,
Irmela Zentner, Dr. Weidong Zhang

Central Laboratory for Structural Engineering
Zentrallabor des Konstruktiven Ingenieurbaus

Markus Berndt, Jürgen Braig, Romeo Cotrus, Fereidoun Dastmalchi,
Roland Korneffel, Roman Okelo, Hans Peter Stoehrel, Christine v. Wantoch-Rekowski, Hichem Zoghiami

Institute for Lightweight Structures
Institut für Leichte Flächentragwerke

Benno Bauer, Walter Haase, Gabriela Heim, Jürgen Hennicke, Mathias Kutterer,
Werner Lang, Friedrich Lausberger, Frank Maier, Peter Pätzold, Stefan Schäfer,
Martin Schimpf, Brigitte Trappe, Ursula Wucherer

Bibliography
Bibliographie

Sobek, W.: Untersuchungen zum Problem der Randausbildung mechanisch vorgespannter Membrankonstruktionen. Institut für Massivbau. Univ. Stuttgart 1980.

Schlaich, J.; Sobek, W.: Sonderkonstruktionen von Ausstellungsbauten. Berichtsband des Seminars Entwerfen und Konstruieren. Inst. f. Entwerfen u. Konstruieren, Universität Stuttgart. WS 1980/81.

Sobek, W.: Bauen mit Membranen: Überdachung von zwei Warenhäusern in Kalifornien. Architektur und Ladenbau, 1982, Nr. 1, S. 10-13.

Sobek, W.: Brücken zum Anfassen: Fußgängerbrücken in Stuttgart. Baukultur, 1982, Nr. 3, S. 19-21.

Gropper, H.; Sobek, W.: Zur konstruktiven Durchbildung ausschließlich zugbeanspruchter Membranränder. In: Weitgespannte Flächentragwerke. 3. Internationales Symposium SFB 64. Proceedings, Bd. 2, Stuttgart 1985.

Sobek, W.: Concrete shells constructed on pneumatic formwork. In: Shells, Membranes and Space Frames. Proceedings of the IASS Symposium on Membrane Structures and Space Frames, Osaka (Japan) 1986, Vol. 1, pp. 337-344.

Schlaich, J.; Sobek, W.: Suitable Shell Shapes. Concrete International, 8, 1986, N° 1, pp. 41-45.

Schlaich, J.; Bergermann, R.; Seidel, J.; Sobek, W.: Some Recent Membrane Structures. In: 1st International Symposium on Non-Conventional Structures. Proceedings. Vol. 1. London 1987, pp. 305-314.

Sobek, W.: Auf pneumatisch gestützten Schalungen hergestellte Betonschalen. Diss. Univ. Stuttgart 1987.

Bergermann, R.; Sobek, W.: Covering ‚Les Arenes de Nimes' with an Air-Inflated Fabric Structure. Proceedings 1st International Techtextil-Symposium, Frankfurt 1989.

Schlaich, J.; Bergermann, R.; Sobek, W.: Tensile Membrane Structures. Bulletin of the International Association for Shell and Spatial Structures (IASS). Madrid. Vol. 31, 1-2 (1990).

Sobek, W.: Betonschalen und pneumatisch vorgespannte Membranen. Deutsche Bauzeitung, 124, 1990, Nr. 7, S. 66-74.

Sobek, W.: Schalungen aus pneumatisch vorgespannten Membranen. Zelte, Planen, Markisen, 10, 1990, Nr. 8, S. 13-16.

Sobek, W.: Schalungen aus pneumatisch vorgespannten Membranen zur Herstellung von Überdachungen, Speicherbehältern und Leitungssystemen. 2. Internationales Techtextil-Symposium, Frankfurt 1990.

Schlaich, J.; Sobek, W.: Entwerfen von Tragwerken. Deutsche Bauzeitung, 125, 1991, Nr. 7, S. 132-133.

Sobek, W.: Die Herstellung von Betonschalen auf pneumatisch gestützten Schalungen. Bauingenieur, 66, 1991, S. 545-550.

Sobek, W.: On design and construction of concrete shells. Cement, 43, 1991, N° 11, pp. 23-27.

Sobek, W.: Shells and air-supported formwork. In: Natural structures. Proceedings. 2nd International Symposium SFB 230. Pt. 1. Stuttgart 1991, pp. 141-147.

Bergermann, R.; Sobek, W.: Die Überdachung der antiken Arena in Nîmes. Bauingenieur, 67, 1992, S. 213-220.

Sobek, W.; Bergermann, R.: Ein Dach für die Arena in Zaragoza. Deutsche Bauzeitung, 126, 1992, Nr. 1, S. 62-66.

Sobek, W.; Speth, M.: Textile Werkstoffe im Bauwesen. Deutsche Bauzeitung, 127, 1993, Nr. 9, S. 74-81.

Sobek, W.; Frerichs, G.: Bauen mit textilen Werkstoffen. Bundesbaublatt, 43, 1993, Nr. 11, S. 909-912.

Sobek, W.: Wandelbare Überdachungen aus textilen Werkstoffen. Proceedings. 5. Internationales Techtextil-Symposium, Frankfurt 1993.

Schlaich, J.; Bergermann, R.; Sobek, W.: The air-inflated roof over the Roman amphitheatre at Nîmes. Structural Engineering Review, 6, 1994, N° 3-4, pp. 203-214.

Sobek, W.: Zur Formfindung textiler Flächentragwerke. Proceedings 6. Internationales Techtextil-Symposium, Frankfurt 1994.

Sobek, W.: Technologische Grundlagen des textilen Bauens. Detail, Ser. 1994, Nr. 6, S. 776-779.

Sobek, W.; Speth, M.: Textile Werkstoffe. Bauingenieur, 70, 1995, S. 243-250.

Sobek, W.; Eckert, A.: Blech als tragender Baustoff: Trapezkunst und Wellenspiel. Deutsche Bauzeitung, 129, 1995, Nr. 1, S. 120-127.

Sobek, W.: Zum Entwerfen im Leichtbau. Bauingenieur, 70, 1995, S. 323-329.

Sobek, W.: Dachkonstruktion für die Ausstellungsbauten der Neuen Messe in München. In: Jahresbericht WS 94/95 und SS 95 Institut für Entwerfen und Konstruieren, Universität Stuttgart. Ausstellungsbauten, Stuttgart 1995.

Sobek, W.; Schäfer, S.: An der Nahtstelle: Fügen von Bauteilen aus unterschiedlichen Werkstoffen. Deutsche Bauzeitung, 130, 1996, Nr. 1, S. 106-114.

Sobek, W.: Editorial: Architect-Engineer / L'Architecte-Ingénieur. TUT Textiles à Usages Techniques, 1996, N° 22 (Déc.), p. 3.

Sobek, W.: Light Structures. In: Conceptual Design on Structures. Proceedings of the International Symposium University of Stuttgart, Oct. 7-11, 1996. Vol. 2, pp. 1120-1127.

Sobek, W.: Transluzent / Transparent / Selbstanpassend. Jahresbericht des Vereins der Freunde und Förderer der Universität Stuttgart, 1996.

Sobek, W.: Leichte und selbstanpassende Konstruktionen. In: Konstruktion: Ereignis und Prozeß. Tagungsband Internationales Symposium Architektur und Stahl. Berlin 1997.

Sobek, W.; Kutterer, M.: Flache Dächer aus Glas: Konstruktive Aspekte bei Horizontalverglasungen. Detail, Serie 1997, Nr. 5, S. 773-776.

Sobek, W.: Zelt und Schale im Vergleich am Beispiel BMW Messe-Pavillon. In: Deutsche Bauzeitschrift, 1997, Nr. 7.

Sobek, W.: Konstruktion und architektonischer Ausdruck – die Entwicklung der Gestalt. In: Fliegende Bauten, avedition, Stuttgart 1997.

Sobek, W.: Der temporäre Pavillon / Sobek und Rieger bei BMW. In: Fliegende Bauten, avedition, Stuttgart 1997.

Sobek, W.; Haase, W.: Selbstanpassende Systeme in der Gebäudehülle. Symposiumsberichtsband IBK-Symposium ‚Außenwände und Fassaden 2000'. Institut für das Bauen mit Kunststoffen, Darmstadt 1997.

Sobek, W.: Tragsysteme für Hochhäuser. Jahresbericht WS 96/97 und SS 97 Institut für Entwerfen und Konstruieren, Universität Stuttgart, Stuttgart 1997.

Sobek, W.: Der Kubus. In: Auf den Spuren einer Tour. Hrsg: Daimler Benz AG, avedition, Stuttgart 1998.

Sobek, W.; Duder, M.: Die Eingangshalle der neuen Landeszentralbank in München. Der Stahlbau 1998. Nr. 4.

Schulitz, H.; Sobek, W.; Habermann, K.-J.: Stahlbau Atlas. Edition Detail, München 1998.

Schittich, C.; Staib, G.; Balkow, D.; Sobek, W.; Schuler, M.: Glasbau Atlas. Edition Detail, München / Birkhäuser – Verlag für Architektur, Basel, Boston, Berlin 1998.

Speeches and Talks
Reden und Vorträge

30.09.1980
Zum Problem der gegenseitigen Beeinflussung von Zuschnitt und Membrantragverhalten im Randbereich.
IL-Seminar: Zuschnitt von Zelten und Lufthallen. Institut für Leichte Flächentragwerke. Universität Stuttgart.

05.03.1981
Bemerkungen zum Problem der Randausbildung ausschließlich zugbeanspruchter Flächentragwerke. International Association of Shell and Spatial Structures (IASS). 1st Meeting of the Working Group "Tension Structures". Stuttgart.

07.04.1981
Zur Höhe der systembestimmten Membrankraft bei negativ gekrümmten Membrantragwerken.
IL-Seminar: Das Spannen von Zelten und Lufthallen. Institut für Leichte Flächentragwerke. Universität Stuttgart.

23.06.1981
Membranen: Konstruktion und konstruktive Durchbildung. Vorlesungsreihe des Sonderforschungsbereichs SFB 64 ,Weitgespannte Flächentragwerke' an der Universität Stuttgart.

09.07.1981
Membrantragwerke – Vielfalt und mögliche Einsatzbereiche in der Baupraxis. Zusammen mit Dr. Switbert Greiner, Stuttgart. Gemeinsame Vortragsreihe der VDI-Gesellschaft Bautechnik und des Instituts für Massivbau der Universität Stuttgart.

05.05.1982
Ausstellungen als Entwicklungsanstöße für den Ingenieurbau. Institut für Entwerfen und Konstruieren. Universität Stuttgart.

02.05.1983
Structural Detailing of Fabric Structures. International Association of Shell and Spatial Structures (IASS). 2nd Meeting of the Working Group "Tension Structures". Stuttgart University.

10.04.1984
Tension Structures. Skidmore, Owings and Merrill. Chicago.

14.04.1984
On Lightweight Structures. Department of Architecture. Illinois Institute of Technology. Chicago.

20.03.1985
On the Structural Design of Only-tensioned Membrane Edges. Zusammen mit H. Gropper, Stuttgart. 3. Internationales Symposium des SFB 64 ,Weitgespannte Flächentragwerke'. Universität Stuttgart.

27.06.1985
Hochhäuser und Wolkenkratzer – Architektonische Utopien und die Grenzen des Baubaren. Gemeinsame Vortragsreihe der VDI-Gesellschaft Bautechnik und des Instituts für Massivbau der Universität Stuttgart.

18.02.1987
Auf pneumatisch gestützten Schalungen hergestellte Betonschalen. Universität Stuttgart.

24.04.1990
Zur Formgebung tragender Strukturen. Fachbereich Architektur der Universität Hannover.

23.05.1990
Schalungen aus pneumatisch vorgespannten Membranen zur Herstellung von Überdachungen, Speicherbehältern und Leitungssystemen. 2. Internationales Techtextil-Symposium. Frankfurt.

30.05.1990
Die Überdachung der antiken Arena in Nîmes. ,Schwarzbrotreihe' des Instituts für Baukonstruktion, Prof. Sulzer und Prof. Hübner, Universität Stuttgart.

07.06.1990
Die Überdachung der antiken Arena in Nîmes mit einem Luftkissen. 1. Internationales Techtextil-Symposium. Frankfurt.

29.01.1991
Fügen und Verbinden: Seile und Membranen. Vorlesungen im Rahmen der ,Vortragsreihe Fertigungstechnik' des Instituts für Baukonstruktion der Universität Stuttgart.

07.03.1991
Leichtbau mit hochfesten Werkstoffen. Tagung ,Bauen mit hochfesten Zuggliedern' im Haus der Technik. Essen.

27.04.1991
Auf pneumatisch gestützten Schalungen hergestellte Betonschalen. Deutscher Betontag 1991. Berlin.

13.05.1991
Pneumatisch gestützte Schalungen zur Herstellung von Verkehrsbauwerken. 3. Internationales Techtextil-Symposium. Frankfurt.

26.06.1991
Leichtbau: Die Überdachung der Arena Zaragoza.,Schwarzbrotreihe' des Instituts für Baukonstruktion, Universität Stuttgart.

03.10.1991
Shells and air-supported formwork. International Symposium on Natural Structures. Stuttgart University.

21.11.1992
Auf pneumatisch gestützten Schalungen hergestellte Betonschalen. Festvortrag auf dem Niederländischen Betontag 1991. Utrecht.

14.05.1992
Recyclinggerechtes Konstruieren von Tragwerken aus der Sicht des entwerfenden Ingenieurs. Veranstaltung der Architektenkammer Niedersachsen. Hannover.

19.10.1992
Interdisziplinarität als Voraussetzung. Universität Stuttgart.

26.11.1992
Über Leichtbau in der Architektur. Fakultät für Architektur, Universität Graz.

07.11.1993
Leichtbau in der Architektur. Architekten- und Ingenieurverein. Hannover.

26.05.1994
Statisch konstruktive Überlegungen beim Bauen mit textilen Werkstoffen. Universität Stuttgart.

15.06.1994
Festrede zum 2. Internationalen Studentenwettbewerb ,Textile Strukturen für Neues Bauen'. Messe Frankfurt.

16.06.1994
Zur Formfindung von Flächentragwerken.Techtextil-Symposium. Frankfurt.

04.10.1994
On the Design of Lightweight Structures. Illinois Institute of Technology. Chicago.

08.12.1994
Ausstellungsbauten. Institut für Entwerfen und Konstruieren, Universität Stuttgart.

24.01.1995
Über das Leicht-Bauen. Fachbereich Architektur der FH Biberach.

03.05.1995
Textile Structures: Structural Systems. Universidad Politécnica de Madrid.

15.06.1995
Bauen mit Seilen und Geweben. Technische Universität. Berlin.

19.06.1995
Festrede zum Internationalen Architekturwettbewerb und zum Internationalen Studentenwettbewerb. Messe Frankfurt.

29.06.1995
Leichtbau in Architektur und Natur. Fachhochschule Hamburg.

04.07.1995
Entwerfen von Tragwerken aus dünnem Blech. Universität Wuppertal.

15.11.1995
Leicht-Bauen. Fachhochschule Konstanz.

07.12.1995
Dächer aus Stoff und Licht. Internationaler Kongreß ‚Forum Dach'. Frankfurt.

17.01.1996
Werner Sobek – Bauten und Projekte. Staatliche Hochschule für Bildende Künste. Stuttgart.

24.01.1996
Bauen mit Membranen. ‚Schwarzbrotreihe'. Universität Stuttgart.

13.02.1996
Leichtbau. Gastvortrag in der Vorlesung Prof. Moro. Universität Stuttgart.

04.03.1996
Lightweight Structures. Department of Architecture. Witwatersrand University. Johannesburg.

06.03.1996
Building with Fabrics – State of the Art. Haggy Rand Auditorium. Johannesburg.

06.03.1996
Membrane Fabrication Technology. Haggy Rand Auditorium. Johannesburg.

06.03.1996
Membrane Materials. Haggy Rand Auditorium. Johannesburg.

07.03.1996
Textile Structures – State of the Art. Techunion University. Johannesburg.

07.03.1996
Membrane Materials and Fabrication. Techunion University. Johannesburg.

11.03.1996
Branched Structures. University of Natal.

12.03.1996
Building with Fabrics in Europe. Kwa-Zulu Natal Association of Architects. Durban.

12.03.1996
Membrane Materials. Kwa-Zulu Natal Association of Architects. Durban.

12.03.1996
Membrane Fabrication Technology. Kwa-Zulu Natal Association of Architects. Durban.

05.06.1996
Leicht / Verständlich. ‚Schwarzbrot-Reihe'. Institut für Baukonstruktion, Universität Stuttgart.

18.06.1996
Baukunst ist Ingenieurkunst ist Baukunst. Vortrag zusammen mit dem Architekten Helmut Jahn, Chicago. Basler Architekturvorträge. Universität Basel.

28.08.1996
State of the Art in Lightweight Structures Design. Structural Engineering Institution of Thailand. Bangkok.

28.08.1996
On the Design of Large Span Glazed Fassades Systems. Structural Engineering Institution of Thailand. Bangkok.

29.08.1996
Glazed Halls and Fabric Structures. New International Bangkok Airport and Structural Engineering Institution of Thailand. Bangkok.

07.11.1996
Light Structures. International IASS-Symposium "Conceptual Design of Structures". Stuttgart.

11.10.1996
Transparent/Transluzent/Selbstanpassend. Vereinigung von Freunden der Universität Stuttgart e.V. Stuttgart.

28.11.1996
Hochhausbau heißt Leichtbau. Vortragsreihe ‚Die Welt der Türme'. Institut für Entwerfen und Konstruieren, Institut für Baukonstruktion und Entwerfen, Lehrstuhl II und Institut für leichte Flächentragwerke, Universität Stuttgart.

04.12.1996
‚Weitgespannt' – Leichte Tragwerke. Bauwelten 96/97. Fachhochschule Holzminden.

12.05.1997
Zukünftig mit Textilien bauen. Vortrag zur Preisverleihung der Techtextil. Frankfurt.

14.05.1997
Bauen mit Glas. Universität Graz.

13.06.1997
Leichte und selbstanpassende Strukturen. Symposium Architektur und Stahl. Berlin.

20.06.1997
Bauen mit Licht. Internationale Fachmesse für Glas- und Fensterbau. Stuttgart.

23.06.1997
Shells and Membranes: Design, Construction and Manufacturing. Summercourse '97 IACES LC Stuttgart.

23.10.1997
Bauen mit Licht. Universität Stuttgart.

10.11.1997
Light/Weight/Structures. Illinois Institute of Technology. Chicago.

24.11.1997
‚Fast fliegende Bauten'. Technische Universität. Wien.

26.11.1997
Fassaden – Häute – Hüllen. IBK-Jubiläums-Symposium ‚Außenwände und Fassaden 2000'. Göttingen.

04.12.1997
Der BMW-Pavillon auf der IAA '95 und der IAA '97. Institut für Darstellen und Gestalten. Universität Stuttgart.

13.01.1998
Bauen mit Stoff – Werkbericht. Institut für Tragwerksentwurf und Bauweisenforschung. Universität Hannover.

20.01.1998
Fazlur Khan. Vortragsreihe ‚Geschichte des Bauingenieurwesens'. Technische Universität München.

21.01.1998
Fliegende Bauten. ‚Schwarzbrot-Reihe'. Institut für Baukonstruktion. Lehrstuhl I. Universität Stuttgart.

20.03.1998
Bauen mit Glas – Bauen mit Licht. Architektursymposium anläßlich der Glaskon. Graz.

26.04.1998
Baukunst ist Ingenieurkunst ist Baukunst. Doppelvortrag zusammen mit dem Architekten Helmut Jahn, Chicago. Glaskon '98. München.

17.06.1998
Ein Exkurs über Stoff und Licht. Akademie der Künste, Wien.

15.07.1998
Bauen mit Stoff – Bauen mit Licht. Innovationszentrum Ingoldstadt.

Catalogue of Works
Werkverzeichnis

Competitions
Wettbewerbe

Neubau der Hessischen Landesbank Frankfurt
1991 Internationaler eingeladener Wettbewerb. 1. Preis
Architekten: Schweger und Partner, Hamburg
Tragwerksentwurf: Werner Sobek, Stuttgart

Salle du spectacle ZENITH in Tours, Frankreich
1991 Internationaler Wettbewerb. 1. Preis
Architekten: LAB. F. AC. Finn Geipel & Nicolas Michelin, Paris
Tragwerksentwurf: Werner Sobek, Stuttgart

Veranstaltungszentrum Ruhr Bochum
1992 Eingeladener Wettbewerb. 1. Preis
Architekten: Schweger und Partner, Hamburg
Tragwerksentwurf: Werner Sobek, Stuttgart

ZKM Zentrum für Kunst- und Medienwissenschaft Karlsruhe
1992 Eingeladener Wettbewerb 1. Preis
Architekten: Schweger und Partner, Hamburg
Tragwerksentwurf: Werner Sobek, Stuttgart

Neubau der Messe München in München-Riem
1992 Internationaler Wettbewerb. 2. Preis (Teilbeauftragung)
Architekten: Kaup Scholz Jesse, München
Tragwerksentwurf: Werner Sobek, Stuttgart

Olympiade Berlin 2000: Boxsporthalle
1992 Internationaler Wettbewerb. 3. Preis
Architekten: Schweger und Partner, Hamburg
Tragwerksentwurf: Werner Sobek, Stuttgart

IBA Emscherpark: Evangelische Gesamtschule Bismarck und Wohngebiet Laarstraße Sporthalle
1996 Eingeladener Wettbewerb. 1. Preis
Architekten: Plus+ Prof. Peter Hübner, Neckartenzlingen
Tragwerksentwurf: Sobek und Rieger, Stuttgart

Neubau Verwaltungsgebäude für das Baureferat der Landeshauptstadt in München
1993 Realisierungswettbewerb. Ankauf
Architekten: Schweger und Partner, Hamburg
Tragwerksentwurf: Werner Sobek, Stuttgart

Haus der Bayerischen Wirtschaft an der Max-Joseph-Straße in München
1994 Eingeladener Wettbewerb. 2. Preis
Architekten: Kaup Scholz Jesse, München
Tragwerksentwurf: Sobek und Rieger, Stuttgart

Neubau Kaufhaus Karstadt in Potsdam
1995 Eingeladener Wettbewerb. 1. Preis
Architekten: LTK Architekten Klaus Kafka, U. Roehder, Dortmund
Tragwerksentwurf: Sobek und Rieger, Stuttgart

Metafort Paris
1995 Internationaler Wettbewerb. 1. Preis
Architekten: LAB. F. AC. Finn Geipel & Nicolas Michelin, Paris
Tragwerksentwurf: Sobek und Rieger, Stuttgart

Flughafen Dortmund. Neues Terminal
1996 Eingeladener Wettbewerb. 1. Preis
Architekten: LTK Architekten Klaus Kafka, U. Roehder, Dortmund
Tragwerksentwurf: Sobek und Rieger, Stuttgart

Stuttgart 21
1997 Internationaler eingeladener städtebaulicher Wettbewerb. 1. Preis
Architekten: Klein-Breucha, Stuttgart
Tragwerksentwurf: Sobek und Rieger, Stuttgart

Palmenhaus Hannover
1997 Realisierungswettbewerb. Ankauf
Architekten: Schweger und Partner, Hannover
Tragwerksentwurf: Sobek und Rieger, Stuttgart

Hochhaus Düsseldorf-Oberbilk
1997 Eingeladener Wettbewerb. 2. Preis
Architekten: Petzinka Pink und Partner, Düsseldorf
Tragwerksplanung: Sobek und Rieger, Stuttgart

Hauptniederlassung Belgien der Mercedes Benz AG in Brüssel
1997 Internationaler eingeladener Wettbewerb. 1. Preis
Architekten: Lamm Weber Donath, Stuttgart
Tragwerksplanung. Sobek und Rieger, Stuttgart

Europaweite Verkaufszentren MCC (Smart-Car)
1997 Internationaler eingeladener Wettbewerb. 1. Preis
Architekten: Kauffmann Theilig und Partner, Stuttgart
Tragwerksplanung: Sobek und Rieger, Stuttgart

Rhein-Ruhr-Flughafen Düsseldorf. Erweiterung
1997 Internationaler eingeladener Wettbewerb. 2. Preis
Architekten: Murphy/Jahn, Chicago
Tragwerksentwurf: Sobek und Rieger, Stuttgart

Costantini-Museum Buenos Aires
1997 Internationaler Wettbewerb. Auszeichnung
Architekten: Murphy/Jahn, Chicago
Tragwerksentwurf: Werner Sobek Ingenieure, Stuttgart

Novea 2004. Erweiterung und Neubau Messe Düsseldorf
1997 Internationaler Wettbewerb. Ankauf
Architekten: Trint, Kreuder, Seher, Köln und Paris
Tragwerksentwurf: Werner Sobek Ingenieure, Stuttgart

Überdachung Karlsplatz in Düsseldorf
1997 Eingeladener Wettbewerb. 1. Preis
Architekten: Rhode, Kellermann, Wawroski, Düsseldorf
Tragwerksplanung: Werner Sobek Ingenieure, Stuttgart

Neubau Volksbank Ludwigsburg
1997 Eingeladener Wettbewerb. 1. Preis
Architekten: KMB Kerker, Müller, Braunbeck, Ludwigsburg
Tragwerksplanung: Werner Sobek Ingenieure, Stuttgart

Neubau der Bayrischen Rückversicherung
1998 Eingeladener Wettbewerb. 1. Preis
Nach der Überarbeitungsphase ausgeschieden
Architekten: Allmann/Sattler/Wappner, München
Tragwerksentwurf: Werner Sobek Ingenieure, Stuttgart

Zentrale Bahnflächen München
1997 Internationaler dreistufiger Wettbewerb. 4. Preis
Architekten: LAB. F. AC. Finn Geipel & Nicolas Michelin, Paris
Tragwerksentwurf: Werner Sobek Ingenieure, Stuttgart

Bertrand AG
1998 Eingeladener Wettbewerb. 2. Preis
Architekten: von Gerkan Marg und Partner, Hamburg
Tragwerksentwurf: Werner Sobek Ingenieure, Stuttgart

Porsche Service Center Zuffenhausen
1998 Eingeladener Wettbewerb 1. Preis
Nach der Überarbeitungsphase: 2. Preis
Architekten: Kammerer, Belz, Kuchler und Partner, Stuttgart
Tragwerksentwurf: Werner Sobek Ingenieure, Stuttgart

Landesgartenschau 2002
1998 Internationaler Wettbewerb 1. Preis
Landschaftsplanung: Knoll Ökoplan, Sindelfingen
Objekt- und Tragwerksplanung: Werner Sobek Ingenieure, Stuttgart

Transrapid-Bahnhöfe Hamburg, Schwerin, Berlin
1998 Eingeladener Wettbewerb. 1. Preis
Architekten: Murphy/Jahn, Chicago
Tragwerksplanung: Werner Sobek Ingenieure, Stuttgart

Flughafen München, Terminal 2
1998 Internationaler Wettbewerb. 1. Preis
Architekten: Murphy/Jahn, Chicago
Tragwerksplanung: Werner Sobek Ingenieure, Stuttgart

Hauptverwaltung Deutsche Post AG, Bonn
1998 Eingeladener Wettbewerb. 2. Preis
Architekten: Murphy/Jahn, Chicago
Tragwerksplanung: Werner Sobek Ingenieure, Stuttgart

Hauptverwaltung Deutsche Telekom, München
1998 Eingeladener Wettbewerb. 1. Preis
Architekten: LeonWohlhage, Berlin
Tragwerksplanung: Werner Sobek Ingenieure, Stuttgart

Pavillon für das Wattenmeer, Hamburg
1998 Eingeladener Wettbewerb. 1. Preis
Architekten: Alsop & Störmer, London/Hamburg
Tragwerksplanung: Werner Sobek Ingenieure, Stuttgart

Konzernzentrale Bayer AG, Leverkusen
1998 Eingeladener Wettbewerb. 1. Preis
Architekten: Murphy/Jahn, Chicago
Tragwerksplanung: Werner Sobek Ingenieure, Stuttgart

Buildings and Projects
Bauten und Projekte

Ecole Nationale d'Art Décoratif Limoges
1991 – 1994
Architekten: LAB. F. AC. Finn Geipel & Nicolas Michelin, Paris
Tragwerksentwurf: Werner Sobek, Stuttgart

Kuppel über die Kundenhalle der Deutschen Bank in Hannover
1991
Architekten: LTK Architekten Klaus Kafka, Ulrich Rhoeder, Dortmund
Tragwerksplanung: Sobek und Rieger, Stuttgart

Sporthalle in Oberhambach (Hessen)
1992 – 1995
Architekten: Plus+ Peter Hübner, Neckartenzlingen
Tragwerksplanung: Sobek und Rieger, Stuttgart

Kunst- und Musikakademie in Wiesbaden
1991 Planung ausgesetzt
Architekten: Schweger und Partner, Hamburg
Tragwerksplanung: Sobek und Rieger, Stuttgart

Time Tunnel Stuttgart, Paris, London, ...
1990 – 1991
Architekten: LAB. F. AC. Stuttgart
Tragwerksplanung: Sobek und Rieger, Stuttgart, unter Mitarbeit von Dr.-Ing. S. Greiner, Stuttgart

Fußgängerbrücken im Hamburger Hafen (Speicherstadt)
1992 – 1996
Architekten: Schweger und Partner, Hamburg
Tragwerksplanung: Sobek und Rieger, Stuttgart

SUN Microsystems GmbH auf der Cebit '93
1992 – 1994
Architekt: Bureau Konrad Mader, Stuttgart
Tragwerksplanung: Sobek und Rieger, Stuttgart

Jugendzentrum und Sommercamp in Stuttgart Feuerbach
1990 – 1991
Architekten: Plus+ Peter Hübner, Neckartenzlingen
Tragwerksplanung: Werner Sobek, Stuttgart mit Ingenieurbüro Bernd Raff, Stuttgart

Glasdach über die U-Bahn Station Westfalenhalle in Dortmund
1991 – 1998
Architekten: LTK Architekten Klaus Kafka und Ulrich Roehder, Dortmund
Tragwerksplanung: Sobek und Rieger, Stuttgart mit Günter Koth, Dortmund

Klappbrücke am Sandtorhafen in Hamburg
1993 – 1994 nicht ausgeführt
Architekten: Kleffel Köhnholdt Gundermann, Hamburg
Ingenieure: Sobek und Rieger, Stuttgart

ZKM Zentrum für Kunst und Medienwissenschaft Karlsruhe
1992 – 1997
Architekten: Schweger und Partner, Hamburg
Tragwerksentwurf: Sobek und Rieger, Stuttgart

Messehaus der neuen Messe München
1992 – 1998
Architekten: Kaup Scholz Jesse, München
Tragwerksentwurf: Sobek und Rieger, Stuttgart

Casinogebäude und gläserner Verbindungsbau für die Akademie der Sparkassen, Erfurt
1995 – 1997
Architekten: Schweger und Partner, Hamburg
Tragwerksentwurf: Sobek und Rieger, Stuttgart

Ballfangnetz auf dem Dach eines Einkaufszentrums in Erfurt
1993 – 1994
Architekten: EPA, Stuttgart
Tragwerksentwurf: Sobek und Rieger, Stuttgart

Waldorfschule mit Sporthalle in Köln
1993 – 1997
Architekten: Plus+ Peter Hübner, Neckartenzlingen
Tragwerksplanung: Sobek und Rieger, Stuttgart

Rohrbrücken in Bitterfeld
1993
Tragwerksentwurf und Gestaltung: Sobek und Rieger, Stuttgart
Tragwerksausführungsplanung: Hoeche und Leder, Dessau

Überdachung zentraler Omnibusbahnhof Delmenhorst
1993 – 1996
Architekten: Schomers Schürmann, Bremen
Tragwerksplanung: Sobek und Rieger, Stuttgart

Eingangsüberdachung neues Fernsehstudio Messe Hannover
1996
Architekten: Schweger und Partner, Hamburg
Ingenieure: Sobek und Rieger, Stuttgart

Hochhaus der Firma Seele in Gersthofen
1995 – 1996 nicht ausgeführt
Architekten: Kauffmann Theilig, Stuttgart
Tragwerksplanung: Sobek und Rieger, Stuttgart

Neue Messe München: Messehallen
1992 – 1998
Architekten: Bystrup Bregenhoj und Partner, Kopenhagen
Entwurf und Tragwerksplanung der Dachkonstruktionen: Sobek und Rieger, Stuttgart

Neue Messe München: Wetterschutzdächer
1992 – 1998
Architekten: Kaup Scholz Jesse, München
Tragwerksentwurf: Sobek und Rieger, Stuttgart

Eingangshallen der Neuen Messe in München
1992 – 1998
Architekten: Kaup Scholz und Partner, München
Entwurf und Detailkonzeption: Sobek und Rieger, Stuttgart
Ausführungsstatik: Helmut Haringer, München

Bewegliche Überdachung über den Centercourt am Rothenbaum in Hamburg
1992 – 1998
Architekten: Schweger und Partner, Hamburg
Entwurf und Tragwerksplanung: Sobek und Rieger, Stuttgart

Messeturm in München
1994 – 1998
Architekten: Kaup Scholz und Partner, München
Entwurf und Tragwerksplanung: Sobek und Rieger, Stuttgart

Sony-Center Berlin
1994 –
Architekten: Murphy/Jahn, Chicago
Tragwerksplanung Sonderkonstruktionen und Fassaden: Sobek und Rieger, Stuttgart
Tragwerksplanung Rohbau: BGS, Frankfurt und Ove Arup, Berlin

Großes Glasdach für die neue Landeszentralbank des Freistaates Bayern in München
1995 – 1998
Architekten (Entwurfsplanung): Behnisch & Partner, Stuttgart
Entwurf und Tragwerksplanung der Glasdachkonstruktion: Sobek und Rieger, Stuttgart

Messe – Ausstellungshalle für die BMW AG auf der IAA in Frankfurt
1995, 1997
Gesamtplanung: Sobek und Rieger, Stuttgart

New Bangkok International Airport
1995 –
Architekten: Murphy/Jahn, Chicago
Tragwerksplanung: Sobek und Rieger, Stuttgart; Martin & Martin, Los Angeles

Große verglaste Halle für den ICE-Bahnhof Frankfurt/Flughafen
1995 – 1997 nicht ausgeführt
Architekten: Braun/Schlockermann und Menzel/Moosbrugger, Frankfurt
Tragwerksplanung: Sobek und Rieger, Stuttgart

Neue Fassaden und Sonderkonstruktionen für das Bürogebäude Charlemagne in Brüssel
1995 – 1997
Achitekten: Murphy/Jahn, Chicago
Tragwerksplanung: Sobek und Rieger, Stuttgart

Glasfassade Terminal 2 am Flughafen Köln-Bonn
1995 –
Architekten: Murphy/Jahn, Chicago
Tragswerkplanung: Sobek und Rieger, Stuttgart

Skulptur vor dem Deutschen Bundestag Bonn
1995
Skulptur von Olaf Metzel, München.
Tragwerksplanung: Sobek und Rieger, Stuttgart

Victoria Versicherung am Lenbachplatz, München
1995 – 1998
Architekten: Goetz und Hootz, München
Tragwerksplanung: Sobek und Rieger, Stuttgart

DIFA – Bürogebäude (vorm. Victoria-Versicherung) am Kurfürstendamm, Berlin
1995 –
Architekten: Murphy/Jahn, Chicago
Sonderkonstruktionen und Fassaden: Sobek und Rieger, Stuttgart

Flughafen Köln/Bonn: Sonderkonstruktionen und Fassaden Parkhaus 2
1995 –
Architekten: Murphy/Jahn, Chicago
Tragwerksplanung: Werner Sobek Ingenieure, Stuttgart

Glasdach am Stadttorhochhaus Düsseldorf
1996 – 1997
Architekten: Petzinka Pink und Partner, Düsseldorf
Tragwerksplanung: Sobek und Rieger, Stuttgart

Plateforme Maritime in Thessalonikki
1996 –
Architekten: LAB. F. AC. Finn Geipel & Nicolas Michelin, Paris
Tragwerksplanung: Sobek und Rieger, Stuttgart

Große Glashalle für den Zentralbereich der Universität Bremen
1996 – 1998
Architekten: Alsop & Störmer, London/Hamburg
Tragwerksplanung: Sobek und Rieger, Stuttgart

Erweiterung der Bürgschaftsbank in Stuttgart
1996 – 1998
Architekten: Schäfer Architekten, Stuttgart
Tragwerksplanung: Sobek und Rieger, Stuttgart

Neues Terminalgebäude Flughafen Dortmund
1996 –
Architekten: LTK Architekten Klaus Kafka und Ulrich Roehder, Dortmund
Tragwerksplanung: Werner Sobek Ingenieure, Stuttgart

Neue Hauptverwaltung Interbank in Lima
1996 –
Architekten: Hans Hollein, Wien
Tragwerksplanung Sonderkonstruktionen: Werner Sobek Ingenieure, Stuttgart

Pneumatische Dachkonstruktion FESTO KG in Rohrbach
1996 nicht ausgeführt
Gesamtplanung: Sobek und Rieger, Stuttgart

Verglastes Zeltdach für die Rhönklinik in Bad Neustadt/Saale
1996 – 1998
Architekten: Lamm Weber Donath, Stuttgart
Tragwerksplanung: Sobek und Rieger, Stuttgart

A-Motion Pavillon, Frankfurt, Berlin, Stuttgart, Kopenhagen, Prag, Versailles, Madrid
1996 – 1997
Architekten: Kauffmann Theilig und Partner, Stuttgart
Tragwerksplanung: Werner Sobek Ingenieure, Stuttgart

Tiefgarage Flughafen Dortmund
1996 –
Architekten: LTK Architekten Prof. Klaus Kafka und Ulrich Roehder, Dortmund
Tragwerksplanung: Werner Sobek Ingenieure, Stuttgart

Bürogebäude am Stralauer Platz 35 in Berlin
1997 Planung zur Zeit unterbrochen
Architekten: Murphy/Jahn, Chicago
Tragwerksplanung Fassade und Sonderkonstruktionen: Werner Sobek Ingenieure, Stuttgart

Bürogebäude Metropol in Berlin
1997 –
Architekten: Becker Gewers Kühn und Kühn, Berlin
Tragwerksplanung: Werner Sobek Ingenieure, Stuttgart

Glasdach als Vorfahrt für Bürogebäude in Leipzig
1997 – 1998
Architekten: Becker Gewers Kühn und Kühn, Berlin
Tragwerksplanung: Werner Sobek Ingenieure, Stuttgart

YTL-Tower Kuala in Lumpur
1997 Planung unterbrochen
Architekten: Murphy/Jahn, Chicago
Tragwerksplanung: Werner Sobek Ingenieure, Stuttgart

Media Park der Burda AG in Offenburg
1997 –
Architekten: Ingenhoven Overdieck Kahlen und Partner, Düsseldorf
Tragwerksplanung: Werner Sobek Ingenieure, Stuttgart

Flughafen Köln/Bonn: Sonderkonstruktionen und Fassaden Parkhaus 3
1997 –
Architekten: Murphy/Jahn, Chicago
Tragwerksplanung: Werner Sobek Ingenieure, Stuttgart

Hauptbahnhof Essen
1997 –
Architekten: Ingenhoven Overdieck Kahlen und Partner, Düsseldorf
Tragwerksplanung: Werner Sobek Ingenieure, Stuttgart

MCC Verkaufscenter Smart, Essen
1997–1998
Architekten: Müller-Zantop, Essen
Tragwerksplanung: Werner Sobek Ingenieure, Stuttgart

Hotel und Appartementhochhäuser South Pointe, Miami Beach
1997 Planung unterbrochen
Architekten: Murphy/Jahn, Chicago
Tragwerksplanung: Werner Sobek Ingenieure, Stuttgart

Neubauten für die Institute IFF und IAT der Universität Stuttgart
1997 –
Architekten: Universitätsbauamt Stuttgart und Hohenheim, Stuttgart
Tragwerksplanung: Werner Sobek Ingenieure, Stuttgart

Hochhäuser am Columbus Circle in New York
1997 Planung unterbrochen
Architekten: Murphy/Jahn, Chicago
Tragwerksplanung: Werner Sobek Ingenieure, Stuttgart

MAC West am Flughafen München: Begehbarer Glasboden
1997 – 1998
Architekten: Murphy/Jahn, Chicago
Tragwerksplanung: Werner Sobek Ingenieure, Stuttgart

EXPO 2000 in Cospuden: Schwimmende Bühne, Aussichtsturm und schwimmende Stege
1997 –
Gesamtentwurf und Tragwerksplanung: Werner Sobek Ingenieure, Stuttgart

Stadtsparkasse Düsseldorf
1998 –
Architekten: Ingenhoven Overdieck Kahlen und Partner, Düsseldorf
Tragwerksplanung: Werner Sobek Ingenieure, Stuttgart

EXPO 2000 Wolfsburg: Textile Konstruktionen
1998 –
Architekten: LeonWohlhage, Berlin
Tragwerksplanung: Werner Sobek Ingenieure, Stuttgart

Haupverwaltung Dürr AG, Stuttgart
1998 –
Architekten: Ingenhoven Overdieck Kahlen und Partner, Düsseldorf
Tragwerksplanung: Werner Sobek Ingenieure, Stuttgart

Haus der Deutschen Industrie, Bukarest
1998 –
Architekten: von Gerkan Marg und Partner, Hamburg
Tragwerksplanung: Werner Sobek Ingenieure, Stuttgart

Überdachung Fernbahnhof Flughafen Köln/Bonn
1998 –
Architekten: Murphy/Jahn, Chicago
Tragwerksplanung: Werner Sobek Ingenieure, Stuttgart

HaLo – Headquarters, Chicago
1998 –
Architekten: Murphy/Jahn, Chicago
Tragwerksplanung: Werner Sobek Ingenieure, Stuttgart

Transrapid Bahnhöfe Hamburg, Schwerin, Berlin
1998 –
Architekten: Murphy/Jahn, Chicago
Tragwerksplanung: Werner Sobek Ingenieure, Stuttgart

Airport Chicago-O'Hare Curbfront Extension, Chicago
1998 –
Architekten: Murphy/Jahn, Chicago
Tragwerksplanung: Werner Sobek Ingenieure, Stuttgart

21st Century Tower, Shanghai
1998 –
Architekten: Murphy/Jahn, Chicago
Tragwerksplanung: Werner Sobek Ingenieure, Stuttgart

Museum für Kunst und Gewerbe, Hamburg. Gewebefassade
1998 –
Architekten: Alsop & Störmer, London/Hamburg
Tragwerksplanung: Sobek und Rieger, Stuttgart

Drei Werbetürme, Göttingen
1998
Architekten: von Gerkan Marg und Partner, Hamburg
Tragwerksplanung: Werner Sobek Ingenieure, Stuttgart

Zwei Volieren für das Gebäude Ku'damm-Eck, Berlin
1998 –
Architekten: Murphy/Jahn, Chicago
Tragwerksplanung: Werner Sobek Ingenieure, Stuttgart

Hochhaus am Lehrter Bahnhof, Berlin
1998 –
Architekten: Murphy/Jahn, Chicago
Tragwerksplanung: Werner Sobek Ingenieure, Stuttgart

Kaufhaus in Chemnitz
1998 –
Architekten: Murphy/Jahn, Chicago
Tragwerksplanung: Werner Sobek Ingenieure, Stuttgart

Projects at Schlaich Bergermann & Partner
Im Büro Schlaich Bergermann & Partner bearbeitete Projekte

1986-1990	Saisonales Dach über die Arena in Nîmes
1987-1990	Teilweise bewegliches Dach über die Arena in Zaragoza
1994-1996	Olympiastadion Montreal
1988-1990	Stadio delle Alpi Turino
1988-1990	Jugendzentrum JUFO in Möglingen
1988-1989	Überdachung Olympiastadion Rom
1988-1990	Wandelbares Dach Stuttgart Killesberg

Index
Stichwortverzeichnis

Adaption 50
A-Klasse 78
Allgemeine Verbundbauweisen 144
Angeloupoulos, Theo 39
Arena in Nîmes 37, 68
Arena in Zaragoza 43, 88
Atelier Markgraf 78
Automobilbau 33
Baker, Bill 37
Ballast 99
Baumüller, Jörg 150
Bauweisenbegriff 44, 138
Belüftungszellen 61
Blum, Rainer 134
BMW-Pavillon Frankfurt 81
Bousquet, Jean 41
Burnham, Daniel 22
Cargo — Kundendienst-Center 63
Charlemagne Brüssel 134, 163
Cospuden 168
Daidalos 14
Dessauer, Friedrich 10
Deutsche Bank Hannover 115
Differentialbauweisen 139
Direkte Methode 66
Donath, Volker 163
Drehschirme 29, 150
Druckring 98
Ecole Nationale d'Art Décoratif 43, 51
Egbers, Gerhart 67
Ein-Aus-Zustände 61
Energieabsorptionszellen 61
Experimentelle Methoden 109
Fahrvorgang 99
Fahrzeugbau 105
Faltenwurf 28
Faserverbund- und Hybridbauweisen 144
Flughafen Bangkok 128, 175
Flughafen Köln/Bonn 152
Flughafen München 172
Flughafen Shanghai 136
Flugzeugbau 33
Flugzeugflügel 138
Flugzeugrumpf 137
Formbestimmender Lastfall 109
Formfindung 66
Formfindungsmethoden 109
Frei Otto 33
Gebäudehülle 55
Gegengewicht 99
Geipel, Finn 20, 37
Gewichtsminimalität 109
Glasdach 116
Glasschindeln 154
Gleitwagen 91
Goldsmith, Myron 37
Greiner, Switbert 35
Haus Römerstraße 60
Haut 51
Heidegger, Martin 14
Hohlnabe 98
Illinois Institute of Technology 36
Ingenium 11
Institut für Leichte Flächentragwerke 33, 45
Integralbauweisen 140
Integrierende Bauweisen 142
Interbank in Lima 154
Isler, Heinz 109
IWKA-Gebäude 122
Jahn, Helmut 20, 128
JC Decaux 163
Joedicke, Jürgen 35
Kahn, Fazlur R. 36
Karosserie 105

Kauffmann Theilig und Partner 78
Klappbrücke 99
Kleffel, Konstantin 99
Köhnhold, Uwe 99
Kräftepfade 145
Kubus 81
La Fura dels Baus 78
LAB. F. AC 75
Landeszentralbank in München 112
Leichtbau 104, 145
Leonhardt, Fritz 33
LeonWohlhage 164
Lichttransmissionszellen 61
Loos, Adolf 20
Magnus, Albertus 18
Materialleichtbau 108
Mathematisch-Numerische Methoden 109
Maxwellstrukturen 146
Membrankonstruktion 66
Messeturm für die Neue Messe 165
Metafort 55
Metallgewebe 154
Michelin, Nicolas 37
Micro-Compact-Car 105
Mörsch, Emil 33
Murphy/Jahn 134
Nabe 91
Peterhans, Brigitte 36
Prometheus 11
PVC-beschichtetes Polyestergewebe 87
Recyclinggerechtes Konstruieren 138
Recyklierbarkeit 51
Regenmesser 99
Ressourcenverbrauch 50
Rhönklinik Bad Neustadt 154
Rothenbaum Hamburg 98
Sandwichbauweisen 144
Schlaich, Jörg 33, 66
Schuler, Matthias 150
Schweger, Peter 37, 98
Seilzug 91
Seneca 13
Sensoren 98
Sichelbinder 116
Skidmore Owings & Merrill 36
SMART 105
Sony-Center 134
Speichenrad 91
Speichenseile 91
Stadtbahnhaltestelle Dortmund-Westfalenhalle 116
Stoffdach 98
Stromeyer Ingenieurbau 67
Strukturleichtbau 108
Systemleichtbau 108
Techne 10
Textile Membrane 87
Thierfelder, Anja 23
Time Tunnel 72, 75
Transrapid 136
Transsolar 134
Universität Hannover 43
Van der Rohe, Ludwig Mies 22
Verbundbauweisen 142
Vielparameteroptimierung 109
Viollet-Le-Duc 18
Wilhelm, Viktor 154
Windmessgeräte 99
Zellen 59
Zentrallabor des Konstruktiven Ingenieurbaus 45
ZKM, Zentrum für Kunst und Medienwissenschaft 122

Aircraft engineering 33
Aircraft fuselages 137
Aircraft wing 137
Amphitheatre in Nîmes 37, 68
Anemometers 98
Angeloupoulos, Theo 39
"A" series 75
Atelier Markgraf 78
Automobile engineering 33
Baker, Bill 37
Bascule bridge 98
Baumüller, Jörg 150
Blum, Rainer 134
BMW pavilion 81
Bousquet, Jean 41
Building envelope 55
Bullring in Zaragoza 43, 87
Burnham, Daniel 22
Car body 105
Car industry 105
Cargo Service Centre 61
Cells 59
Charlemagne Brussels 134, 163
Cologne/Bonn airport 152
Composite methods of construction 142
Compression ring 98
Cospuden 168
Counterpoise 98
Cube 79
Daedalus 13
Defining the shape 66
Designing for recycling 138
Dessauer, Friedrich 10
Deutsche Bank Hanover 115
Differential methods of construction 139
Direct method 66
Donath, Volker 163
Ecole Nationale d'Art Décoratif 43, 51
Egbers, Gerhart 67
Energy-absorbing cells 59
Experimental methods 109
Fibre composite and hybrid methods of construction 142
Folding pattern 28
Force paths 145
Form-determining load case 109
Form-finding methods 109
Frei Otto 33
Geipel, Finn 20, 37
General composite methods of construction 142
Glass roof 116
Glass shingles 154
Goldsmith, Myron 36
Greiner, Switbert 35
Hannover University 43
Heidegger, Martin 13
Hollow hub 98
Hub 88
Illinois Institute of Technology 36
Ingenium 11
Institute for Lightweight Structures 33, 45
Integral methods of construction 140
Integrating methods of construction 142
Interbank in Lima 154
Isler, Heinz 109
IWKA factory 122
Jahn, Helmut 20, 128
JC Decaux 163
Joedicke, Jürgen 35
Kahn, Fazlur R. 36
Kauffmann Theilig and Partners 78
Kleffel, Konstantin 98
Köhnhold, Uwe 98
La Fura dels Baus 75

LAB. F. AC 73
Landeszentralbank in Munich 112
Leonhardt, Fritz 33
LeonWohlhage 164
Light-transmitting cells 59
Lightweight construction 104
Lightweight materials 108
Lightweight structures 108
Lightweight systems 108
Lightweight structures 144
Loos, Adolf 20
Magnus, Albertus 18
Mathematical/Numerical methods 109
Maxwell structures 146
Membrane structure 66
Metafort 55
Methods of construction 44, 138
Michelin, Nicolas 37
Micro-Compact-Car 105
Minimised weight 109
Monocoque 105
Mörsch, Emil 33
Multi-parameter optimisation 109
Munich Airport 172
Murphy/Jahn 134
Neue Messe exhibition centre, Munich, tower 165
New Bangkok International Airport 128, 175
On/Off states 61
Peterhans, Brigitte 36
Prometheus 11
PVC-coated polyester fabric 81
Rain gauges 98
Recyclability 51
Rhönklinik 154
Römerstraße House 60
Rotating umbrellas 29, 150
Rothenbaum 91
Sandwich construction 144
Schlaich, Jörg 33, 66
Schuler, Matthias 150
Schweger, Peter 37, 91
Seneca 13
Sensors 91
Shanghai Airport 136
Skidmore Owings & Merrill 36
Skin 51
Sliding trolleys 88
SMART 105
Sony Center 134
Spoke system 87
Spoked wheels 87
Spokes 88
Stainless steel mesh 152
Steel lattice trusses 116
Stromeyer Ingenieurbau 67
Techne 10
Textile membrane 81
Textile roof 98
Thierfelder, Anja 23
Time Tunnel 72, 73
Transsolar 134
Transrapid 136
Urban railway station Dortmund Westfalenhalle 116
Use of resources 50
Van der Rohe, Mies 22
Ventilation cells 59
Viollet-Le-Duc 18
Wilhelm, Viktor 154
Zentrallabor des Konstruktiven Ingenieurbaus 45
ZKM, Zentrum für Kunst und Medienwissenschaft (Centre for Art and Media Science) 122

Illustration Credits
Bildquellenverzeichnis

AV Edition: 78
Ute Blersch: 5
Michael Duder: 76
Gabriela Heim: 24, 28, 58, 74, 79, 80, 100, 148, 151, 166, 178, 179
Peter Hölzle: 168
Hans Hollein: 155
IL-Archiv: 82, 84
Kauffmann Theilig und Partner: 106, 107
Bernhard Kroll: 120, 121
LAB. F. AC. Finn Geipel & Nicolas Michelin: 34, 38, 46, 48, 52, 53, 54, 56
LeonWohlhage: 164
Murphy/Jahn: 126, 128, 129, 136, 137, 140, 143, 158, 160, 161, 162, 170, 171, 172
Alfred Rein: 64, 97
Werner Sobek: 6, 30, 40, 41, 42, 68, 69, 72, 88, 89, 92, 96, 102, 110, 157
Werner Sobek Ingenieure: 60, 62, 75, 77, 85, 86, 94, 101, 113, 114, 118, 124, 125, 131, 132, 153, 156, 159, 167, 169, 174, 176, 177
Valentin Wormbs: 134, 135

Translation into English: German Technical Translation Service, Mister Kreuser (Gwent)

A CIP catalogue record for this book is available from the Library of Congress, Washington D.C., USA.

Deutsche Bibliothek Cataloging-in-Publication Data

Blaser, Werner:
[Werner Sobek, art of engineering]
Werner Sobek, art of engineering, Ingenieur-Kunst / Werner Blaser. –
Basel ; Boston ; Berlin : Birkhäuser, 1999
 ISBN 3-7643-6001-1 (Basel ...)
 ISBN 0-8176-6001-1 (Boston)

This work is subject to copyright. All rights are reserved, whether the whole or part of the material is concerned, specifically the rights of translation, reprinting, re-use of illustrations, recitation, broadcasting, reproduction on microfilms or in other ways, and storage in data banks.
For any kind of use, permission of the copyright owner must be obtained.

© 1999 Birkhäuser – Publishers for Architecture / Verlag für Architektur
P.O. Box 133, CH-4010 Basel, Switzerland.
Printed on acid-free paper produced from chlorine-free pulp. TCF ∞
ISBN 3-7643-6001-1
ISBN 0-8176-6001-1

9 8 7 6 5 4 3 2 1